大学生公共基础课系列教材

Office 2019 办公软件高级

应用案例化教程

主 编 裴佳利 王海熔 商凌霞 孟 赟

电子工业出版社

Publishing House of Electronics Industry

北京·BEIJING

内 容 简 介

本书是介绍 MS Office 2019 办公软件高级应用的教学用书，以当前行业需求及相应工作岗位实际应用为背景，采用项目化形式编排内容。每个项目均包含"项目背景""项目分析""项目实现""项目总结""课后练习"五个部分。学生通过实际项目的学习与训练，在提高计算机应用能力的同时，巩固计算机知识，为今后更进一步的专业学习和工作奠定良好的基础。本书由三篇共 16 个项目组成，主要内容包含 MS Office 2019 常用组件，主要涉及 Word 2019、Excel 2019、PowerPoint 2019 等实际应用。

图书在版编目（CIP）数据

Office 2019办公软件高级应用案例化教程 / 裴佳利等主编. —北京：电子工业出版社，2021.8

ISBN 978-7-121-41543-2

Ⅰ. ①O⋯　 Ⅱ. ①裴⋯　 Ⅲ. ①办公自动化—应用软件—高等学校—教材　　Ⅳ. ①TP317.1

中国版本图书馆 CIP 数据核字（2021）第 135928 号

责任编辑：康　 静

印　　 刷：三河市鑫金马印装有限公司

装　　 订：三河市鑫金马印装有限公司

出版发行：电子工业出版社

　　　　　北京市海淀区万寿路 173 信箱　 邮编　 100036

开　　 本：787×1 092　 1/16　 印张：13.25　 字数：339.2 千字

版　　 次：2021 年 8 月第 1 版

印　　 次：2023 年 7 月第 4 次印刷

定　　 价：42.00 元

前　言

随着信息技术的发展，计算机已经普遍应用在工作和生活的各个领域中。MS Office 系列软件是目前较为流行的办公自动化软件，在各行各业中得到非常广泛的应用。

本书是介绍 MS Office 2019 办公软件高级应用的教学用书，以当前行业需求及相应工作岗位实际应用为背景，采用项目化形式编排内容。每个项目均包含"项目背景""项目分析""项目实现""项目总结""课后练习"五个部分。学生通过实际项目的学习与训练，在提高计算机应用能力的同时，巩固计算机知识，为今后更进一步的专业学习和工作奠定良好的基础。

本书由三篇共 16 个项目组成，主要内容包含 MS Office 2019 常用组件，主要涉及 Word 2019、Excel 2019、PowerPoint 2019 等实际应用。

第一篇由 8 个项目组成，主要介绍 Word 2019 文档的编辑操作，涵盖图文混排、表格设计应用、长文档排版、邮件合并、文档修订等内容；主要知识点包括字符、段落格式化、表格设置、页面设置、页眉页脚设置、分节、页码编辑、多级列表、样式的应用、目录的生成、图表题注及交叉引用、各种域的使用、索引、书签、邮件合并等。

第二篇由 6 个项目组成，主要介绍 Excel 2019 表格的数据录入、各类常用函数，以及如何对数据进行分析、统计；主要知识点包括 Excel 2019 模板使用、窗口管理、条件格式、数据有效性、单元格名称、公式和数组公式、Excel 2019 各类高级函数的使用、自动筛选、高级筛选、数据表高级管理、分类汇总、数据透视表和数据透视图的设计、迷你图和切片器的使用等。

第三篇由 2 个项目组成，主要介绍 PowerPoint 2019 的创建、编辑、设计、放映、输出；主要知识点包括 PowerPoint 2019 模板的使用、配色方案的编辑与使用、母版的编辑与使用、动画设置、切换方式、动作按钮、放映方式、输出方式等。

本书由裴佳利、王海熔、商凌霞、孟赟担任主编。第一篇由裴佳利和商凌霞负责编写；第二篇由王海熔负责编写；第三篇由孟赟负责编写。本书力求做到知识丰富、内容新颖、紧贴考纲，深入浅出地介绍 MS Office 2019 高级应用技术。

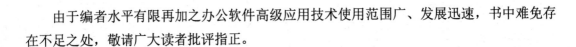

　　由于编者水平有限再加之办公软件高级应用技术使用范围广、发展迅速，书中难免存在不足之处，敬请广大读者批评指正。

编　者

2021 年 6 月

目　　录

第一篇　Word 高级应用案例

第二篇　Excel 高级应用案例

第三篇　PowerPoint 高级应用项目

第一篇　Word 高级应用案例

项目 1　工业设计专业简介——Word 基础格式设置

1.1　项目背景

小李负责制作某学校机械与电子工程学院工业设计专业的介绍说明，使用 Word 2019 进行制作该专业的专业简介时遇到了一些麻烦，请你利用所学知识帮助小李完成海报的制作。专业简介排版最终效果如图 1-1 所示。

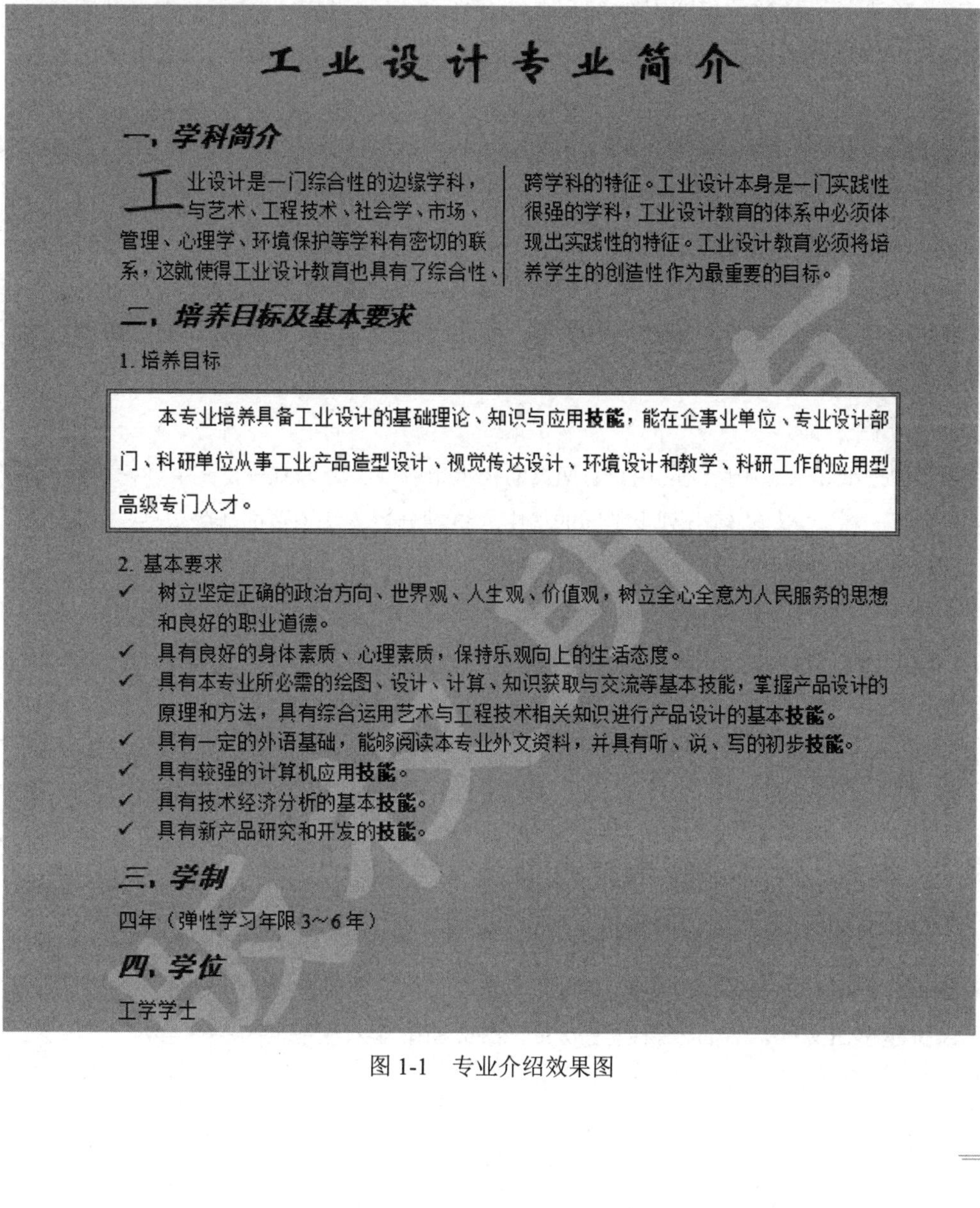

工 业 设 计 专 业 简 介

一、学科简介

工业设计是一门综合性的边缘学科，与艺术、工程技术、社会学、市场、管理、心理学、环境保护等学科有密切的联系，这就使得工业设计教育也具有了综合性、跨学科的特征。工业设计本身是一门实践性很强的学科，工业设计教育的体系中必须体现出实践性的特征。工业设计教育必须将培养学生的创造性作为最重要的目标。

二、培养目标及基本要求

1. 培养目标

本专业培养具备工业设计的基础理论、知识与应用**技能**，能在企事业单位、专业设计部门、科研单位从事工业产品造型设计、视觉传达设计、环境设计和教学、科研工作的应用型高级专门人才。

2. 基本要求

✓ 树立坚定正确的政治方向、世界观、人生观、价值观，树立全心全意为人民服务的思想和良好的职业道德。
✓ 具有良好的身体素质、心理素质，保持乐观向上的生活态度。
✓ 具有本专业所必需的绘图、设计、计算、知识获取与交流等基本技能，掌握产品设计的原理和方法，具有综合运用艺术与工程技术相关知识进行产品设计的基本**技能**。
✓ 具有一定的外语基础，能够阅读本专业外文资料，并具有听、说、写的初步**技能**。
✓ 具有较强的计算机应用**技能**。
✓ 具有技术经济分析的基本**技能**。
✓ 具有新产品研究和开发的**技能**。

三、学制

四年（弹性学习年限 3～6 年）

四、学位

工学学士

图 1-1　专业介绍效果图

1.2 项目分析

在对该文档编辑时，主要是对文字字体、段落效果进行设置。为了使文档具有层次结构，进行了自动编号与项目符号的设置。同时为了起到强调效果，对文中一个段落设置边框与底纹。另外文档设置了部分特殊格式和文档背景。

本项目在制作时，主要用到如下知识与技能：

（1）文档的创建、编辑、保存

新建一个空白文档，录入文字、特殊符号，设置文档的显示属性，保存文档。

（2）字体及段落的格式化

字体格式化包括对字符的中西文字体、字型、字号、颜色、效果、字符间距及文字效果等设置。段落格式化包括对段落的对齐方式、缩进方式、段间距、行间距等设置。

（3）项目符号和编号

项目符号和编号在文档排版中应用较为广泛，它可使文档条理清楚，重点突出，提高文档编辑速度。

（4）边框和底纹

Word 文档中的边框和底纹可以应用的对象有文字、段落、整篇文档、节和表格等，边框在使用时可以选择线型、颜色、宽度等，而底纹在使用时主要设置填充颜色和图案。它可以突出显示和美化版面，并可使设置对象有别于其他内容。

（5）分栏

在各种报纸和杂志中广泛应用。它使页面在水平方向上分为几栏，文字逐栏排列，填满一栏后转到下一栏，文档内容分列于不同的栏中，这种分栏方法使页面排版灵活，阅读方便。

（6）首字下沉

一种文字修饰方法，在各类报纸、杂志、期刊中应用较多。设置段落的第一行第一字向下一定的距离，段落的其他部分保持原样。这种设置方法可以引起读者对段落的注意。

1.3 项目实现

1.3.1 新建空白文档并输入内容

在需要新建文档的位置单击鼠标右键，选择"新建"，Word 会新建"Microsoft Word 文档.docx"或者在 Word 2019 程序中的"文件"选项卡下依次单击"新建"→"空白文档"也可以新建空白文档，然后在新建完成的空白文档中输入相应的文字内容。

1.3.2 Word 字体格式设置

Word 字体格式设置是指对文档中的内容进行中（西）文字体、字形、字号、颜色、效果、间距、位置等属性的设置。

（1）标题字体设置

要求：将标题文字"工业设计专业简介"设置为"华文新魏、加粗、一号、深蓝、字符间距加宽 3 磅"。

选中需要设置字体的文字内容，单击"开始"选项卡→"字体"组右下角的 按钮，打开"字体"对话框，如图 1-2 所示。

图 1-2 "字体"对话框

提示：将光标移至页面左侧边缘部分，当光标变成反向箭头形状" "时，单击一次即可选中一行，双击可选中一个自然段落，三击可选中全文。

"字体"对话框包含"字体"和"高级"两张选项卡，其中"字体"选项卡包括了文档字体、字形、字号等的基本设置，"高级"选项卡包括了字符间距、OpenType功能等设置。

"字体"包含中文字体和西文字体，在对话框中可分别设置，可使文档中中文和西文具有不同的字体。"字形"包含常规（默认）、倾斜、加粗、倾斜加粗4种选择。"字号"指文字大小，有两种规格设置。一种用"号"表示，最大的为"初号"，最小的为"八号"；另一种用"磅"表示，可选择或者键盘直接输入。

根据文档要求，在"中文字体"栏目中，选择字体为"华文新魏"，在"字形"中选择"加粗"，在"字号"中选择文字大小为"一号"。在中间的"字体颜色"中选择颜色为"深蓝"。

在"高级"选项卡中主要设置字符间距。"缩放"主要设置文字的缩小或放大比例；"间距"为文字之间水平间隔距离；"位置"为文字之间垂直间隔距离。

根据要求，在"间距"框中，选择"加宽"，并调整"磅值"为"3磅"，如图1-3所示。

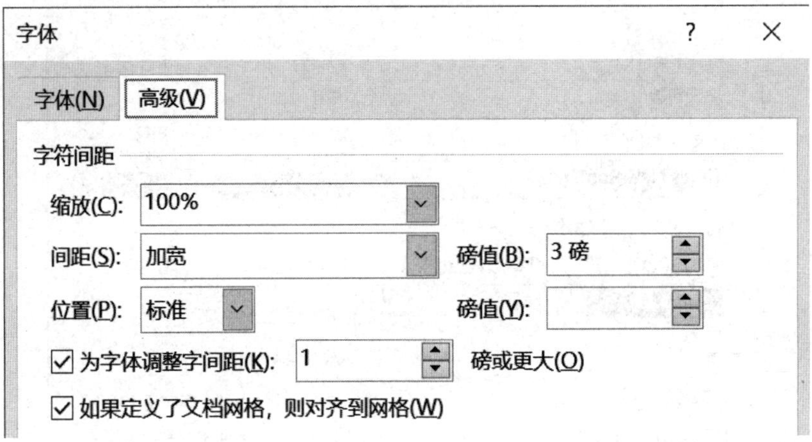

![字体对话框：字体(N) 高级(V) 选项卡，字符间距设置，缩放(C)100%，间距(S)加宽 磅值(B)3磅，位置(P)标准 磅值(Y)，勾选为字体调整字间距(K)1磅或更大(O)，勾选如果定义了文档网格，则对齐到网格(W)]

图1-3　字符间距设置

（2）目录字体设置

要求：将"学科简介""培养目标及基本要求""学制""学位"设置为"黑体、加粗倾斜、14磅"。

选中"学科简介"，按照要求设置为"黑体、加粗倾斜、14磅"。

选中设置好字体格式的"学科简介"，双击"剪贴板"区域的 格式刷 按钮，光标将变成" "形状，用格式刷刷新其他所需设置相同格式的内容，完成后再次单击"格式刷"按钮或者按键盘上的Esc键即可退出格式刷状态。

注意：选中所需格式，单击"格式刷"按钮，只能刷新一次格式；双击"格式刷"按钮后，可以刷新任意次。

1.3.3　Word段落格式设置

Word段落设置是指在文档内容的对齐、缩进和间距等排版方面的设置。

（1）标题段落格式设置

要求：将标题"工业设计专业简介"设置为居中对齐。

将光标置于标题段落中，单击"开始"选项卡→"段落"组右下角的 按钮，打开"段落"对话框，如图 1-4 所示。

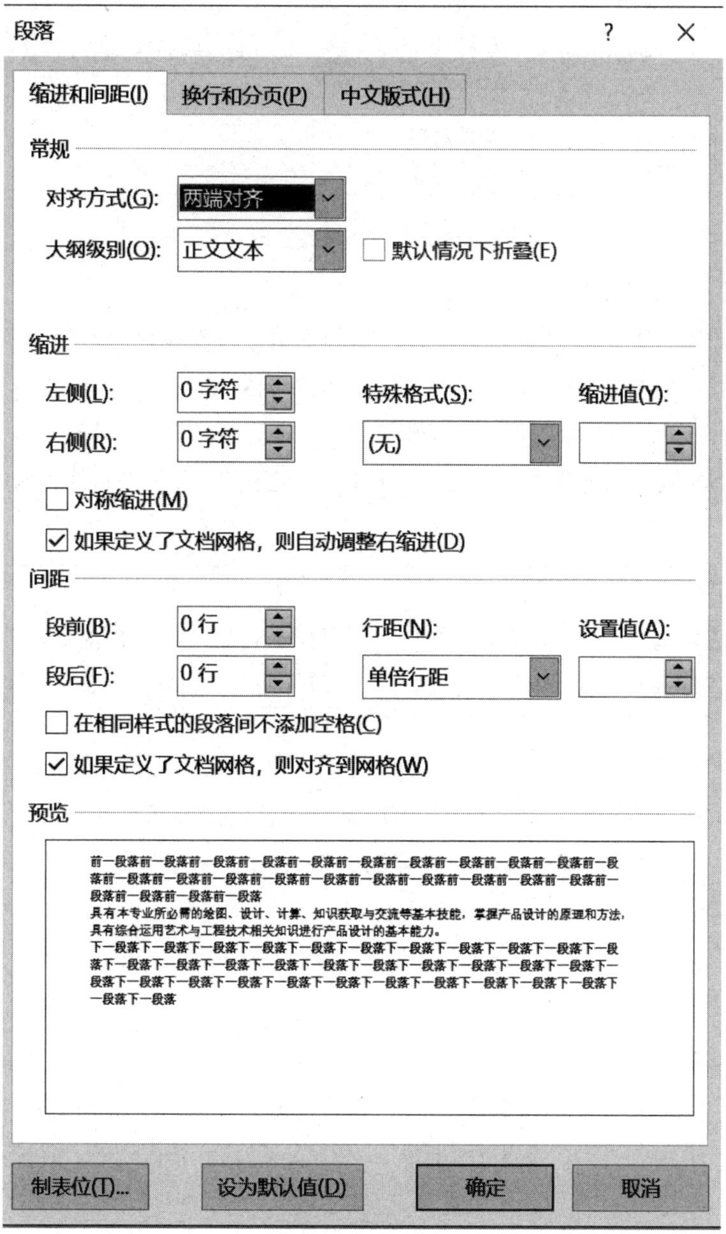

图 1-4　"段落"对话框

"段落"对话框包含缩进和间距、换行和分页、中文版式的设置，其中最常用的是"缩进和间距"选项卡内的相关操作设置。

在此根据要求，选中"缩进和间距"选项卡，"常规"区域的"对齐方式"选择"居中"即可，如图 1-5 所示。

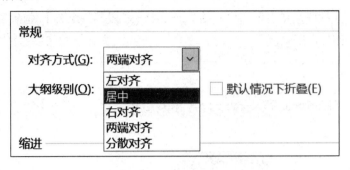

图 1-5　选择对齐方式

（2）内容段落格式设置

要求：将"本专业培养具备工业设计的基础理论……"段落的文字设置为"左对齐，首行缩进 2 字符，段前 0.5 行，段后 0.5 行，行距为 1.5 倍行距"。

将光标置于需设置的内容段落中，打开"段落"对话框，设置"对齐方式"为"左对齐"。

在"缩进"区域中，设置"特殊格式"为"首行缩进"，并将"磅值"调整为"2 字符"，如图 1-6 所示。

图 1-6　缩进设置

注意："缩进"中的"左（右）侧"缩进是对于整段内容都有效的，并不局限于首行。"特殊格式"中分为"首行缩进"和"悬挂缩进"，其中"悬挂缩进"表示第一行不缩进，后面的所有行均有缩进。

在"间距"区域中，设置"段前""段后"均为"0.5 行"，设置"行距"为"1.5 倍行距"，如图 1-7 所示。

图 1-7　行距设置

1.3.4　设置单级编号与项目符号

使用 Word 编写内容时，为了使内容层次结构清晰、更有条理，可使用编号（自动）

或者项目符号。

（1）编号设置

要求：将"学科简介""培养目标及基本要求""学制""学位"设置自动编号，编号格式为"一、二、……"；将"培养目标""基本要求"设置自动编号，编号格式为"1.2.……"。

将光标置于"一、学科简介"段落内，单击"开始"菜单→"段落"组中间的 ▤ "编号"按钮，此时前面的编号"一、"已经变成自动编号（选中"一、"带有阴影）。继续设置其他相同格式的自动编号或者用格式刷刷新其他相同格式。"1.2.……"格式的自动编号设置与此类似。

在其他应用中，也可以打开"编号"下拉菜单，在"编号库"中选择合适的其他编号，或者直接定义新编号格式。

自动编号在文档修改过程中，将会自动适应根据前后同级编号的变化而做出调整，大大提高了编辑文档的效率。

（2）项目符号设置

要求：为"基本要求"下的段落内容设置项目符号"✓"。

选中所需设置项目符号的文本段落，单击"开始"菜单→"段落"组中间的 ▤ "项目符号"按钮的下拉菜单，选择"✓"符号即可对选中段落添加项目符号。

如需设置其他项目符号，也可使用定义新项目符号，用系统中的其他符号，或者其他图片作为项目符号。

1.3.5　设置边框与底纹

在使用 Word 编辑文档的过程中，可以根据实际需要为特定段落加上漂亮的边框与底纹，从而使文档更加符合工作要求。

（1）边框设计

要求：为"本专业培养具备工业设计的基础理论……"段落的内容设置红色双线边框。

选中所需设置边框的段落，单击"开始"菜单→"段落"组中间的 ▦ "边框和底纹"按钮的下拉菜单，选择最下方的"边框和底纹"命令，打开对话框，如图 1-8 所示。

选择"边框"选项卡，在"样式"中设置为双线，在"颜色"中设置为红色，并确认"应用于"为"段落"。

（2）底纹设置

要求：为"本专业培养具备工业设计的基础理论……"段落的内容设置黄色底纹。

将"边框和底纹"对话框切换到"底纹"选项卡，设置填充色为黄色，并确认"应用于"为"段落"，如图 1-9 所示。

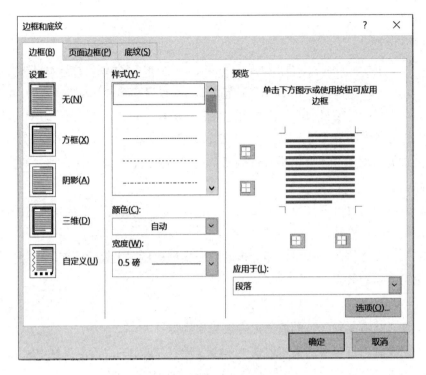

图 1-8   "边框和底纹"对话框

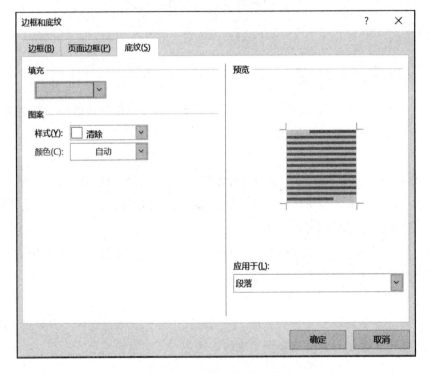

图 1- 9   "底纹"选项卡设置

1.3.6　特殊格式设置——分栏与首字下沉设置

有时在做一些文档的排版中，会运用到一些段落的特殊格式，在此主要介绍分栏与首字下沉的使用。

（1）分栏设置

要求：将"工业设计是一门综合性的边缘学科……"段落设置成 2 栏，并添加分隔线。

选中所需设置格式的段落，单击"布局"选项卡→"页面设置"组中间的"栏"命令，选择最下方的更多栏，打开"栏"对话框，设置"栏数"为"2 栏"，并勾选"分割线"选项，如图 1-10 所示。

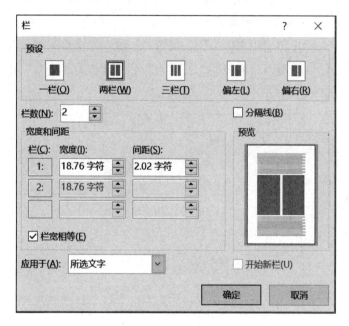

图 1-10　"栏"对话框

在其他应用中，也可将栏宽设置得不相等，调整每栏宽度与栏间距等相关参数设置。

（2）首字下沉设置

要求：设置"工业设计是一门综合性的边缘学科……"段落首字下沉 2 行，字体为楷体。

选中所需设置格式的段落，单击"插入"选项卡→"文本"组中间的"首字下沉"命令，选择最下方的"首字下沉"命令，在打开的对话框中设置"位置"为"下沉"，"下沉行数"为"2 行"，"字体"为"楷体"，如图 1-11 所示。

图 1-11　"首字下沉"对话框

1.3.7　查找与替换

查找与替换功能在 Word 中非常重要，尤其在长文档排版中作用更大，在进行删除或替换文章中某些格式的文本时，可以单击"查找和替换"对话框中的"更多"部分的"格式"按钮设置文字的格式，并且在"替换为"栏中不要输入任何文字，可以起到删除的效果。在查找过程中，若对查找项不确定，可以使用通配符替代。"*"表示任意字符串，"?"表示任意单个字符。

要求：将专业简介中的"能力"都改成为绿色、加粗的"技能"。

将光标置于本文中，单击"开始"选项卡→"编辑"组中间的"替换"命令，打开"查找和替换"对话框，并切换到"替换"选项卡。在"查找内容"中输入"能力"，在"替换为"中输入"技能"，并单击"更多"按钮，设置"技能"的字形为加粗，设置字体颜色为绿色，如图 1-12 所示，单击"全部替换"按钮，即可将全文的"能力"替换为绿色加粗的"技能"。

图 1-12　"查找和替换"对话框

1.3.8 页面背景与水印设置

一些文件或者打印出来的文件都带有水印背景。水印背景有多种功能，一方面可以美化文档，另一方面可以保护版权等。

要求：将文档背景设置为浅绿色，并添加水印文字"版权所有"。

（1）页面背景设置

单击"设计"选项卡→"页面背景"组中间的"页面颜色"命令，选择颜色为浅绿色即可，如图 1-13 所示。

（2）水印设置

单击"设计"选项卡→"页面背景"组中间的"水印"按钮，选择"自定义水印"命令，打开"水印"对话框。单选"文字水印"，在"文字"框中输入"版权所有"，设置合适的字体与字号，并挑选颜色，勾选"半透明"选项，可设置为"斜式"版式，如图 1-14 所示。

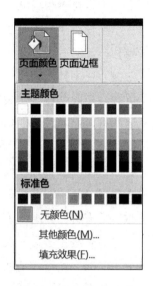

图 1-13 页面背景颜色设置

图 1- 14 水印设置

1.4 项目总结

在编辑文档过程中，我们对文档中的文字内容可以进行很好的格式设置。在设置文字格式时，我们主要用到文字字体、字号的设置，以及段落格式的设置，所有这些可以通过样式的使用，使文档编辑变得轻松方便。同时为了使文档层次清晰，提升阅读体验，我们可通过项目符号与自动编号对内容进行格式设置。

本项目着重培养学生的文字材料排版能力。在今后的同类操作中，还需要注意以下相关技巧：

（1）在字体格式化设置中，要注意区分中文字体和西文字体的设置。

（2）在段落格式化设置中，应注意缩进和间距的单位。其中缩进值的单位分为字符和厘米两类，而间距值的单位则分为行和磅两类，当默认单位不符合要求时，请自行输入单位即可。

（3）在段落格式化设置中，容易将多倍行距与几磅行距混淆。例如，设置 3 倍行距，则需要将"行距"下拉菜单选择为"多倍行距"，"设置值"设为 3；而当要设置行距为 18 磅时，则需将"行距"下拉菜单选择为"固定值"，"设置值"设为 18 磅。

（4）在进行边框和底纹设置时，容易将"边框"选项卡和"页面边框"选项卡混淆。其中"边框"是对段落或者文字进行设置的，而"页面边框"是对整个文档或者节进行设置的，其作用范围不同。

（5）在进行边框和底纹设置时，边框和底纹"应用于"段落或文字时，其效果不同。"应用于"段落时，框和底纹作用于段落所在整块区域；而"应用于"文字时，边框和底纹只对文字所在位置起作用，即行与行之间的间隙无边框和底纹。

（6）在设置文档背景时，除了单一背景色设置之外，还可以设置渐变、预设效果、纹理及水印等效果，使文档的背景丰富多彩。

1.5　课后练习

打开"学院简介.docx"，编辑制作一份如图 1-15 所示的学院简介。

（1）在文档开始的位置，输入标题"学院简介"。

（2）设置标题"学院简介"为：隶书、加粗、一号。其他内容为：宋体、常规、五号。

（3）将所有"①②……"提升 3 磅。

（4）设置标题居中对齐；将第 2、第 3 段设置首行缩进 2 个字符，单倍行距。

（5）为正文第 3 段添加红色单线边框，线宽 1.5 磅，应用于段落；为正文第 3 段添加底纹，底纹颜色为"橙色，强调文字颜色 6，淡色 40%"，应用于文字。

（6）将正文第 2 段进行分栏，分成 2 栏，添加分割线。

（7）将正文第 1 段设置"首字下沉"，设置字体为"楷体"，下沉行数为"2 行"。

（8）将除标题外的正文中所有的"学校"替换为"学院"，且设置成绿色，加粗。

（9）设置文档背景为"雨后初晴"。

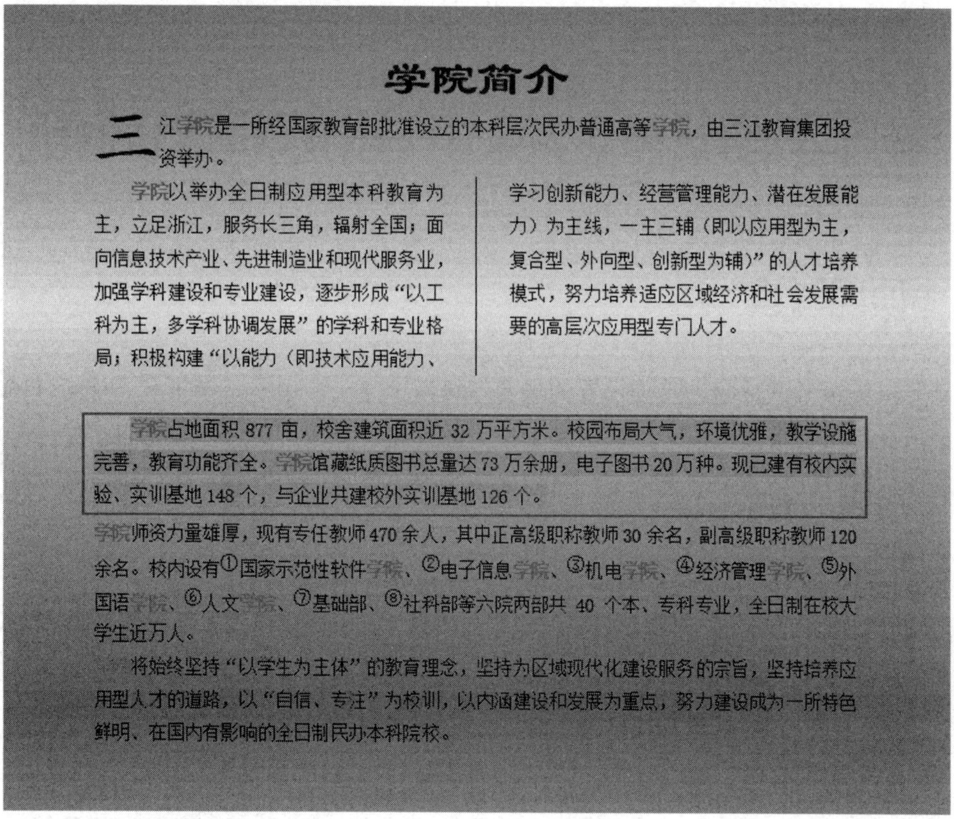

学院简介

三 江学院是一所经国家教育部批准设立的本科层次民办普通高等学院，由三江教育集团投资举办。

学院以举办全日制应用型本科教育为主，立足浙江，服务长三角，辐射全国；面向信息技术产业、先进制造业和现代服务业，加强学科建设和专业建设，逐步形成"以工科为主，多学科协调发展"的学科和专业格局；积极构建"以能力（即技术应用能力、学习创新能力、经营管理能力、潜在发展能力）为主线，一主三辅（即以应用型为主，复合型、外向型、创新型为辅）"的人才培养模式，努力培养适应区域经济和社会发展需要的高层次应用型专门人才。

学院占地面积 877 亩，校舍建筑面积近 32 万平方米。校园布局大气，环境优雅，教学设施完善，教育功能齐全。学院馆藏纸质图书总量达 73 万余册，电子图书 20 万种。现已建有校内实验、实训基地 148 个，与企业共建校外实训基地 126 个。

学院师资力量雄厚，现有专任教师 470 余人，其中正高级职称教师 30 余名，副高级职称教师 120 余名。校内设有①国家示范性软件学院、②电子信息学院、③机电学院、④经济管理学院、⑤外国语学院、⑥人文学院、⑦基础部、⑧社科部等六院两部共 40 个本、专科专业，全日制在校大学生近万人。

将始终坚持"以学生为主体"的教育理念，坚持为区域现代化建设服务的宗旨，坚持培养应用型人才的道路，以"自信、专注"为校训，以内涵建设和发展为重点，努力建设成为一所特色鲜明、在国内有影响的全日制民办本科院校。

图 1-15　课后练习效果图

项目2 考试报名表设计——Word表格制作

2.1 项目背景

计算机等级考试是高等院校设置的重要等级考试之一，由于每年报名参加考试的人数众多，给计算机等级考试报名工作带来了很大的难度。目前，高校一般将报名工作分派到二级学院，因此，计算机等级考试报名通知成为二级学院组织计算机等级考试报名的重要依据。计算机等级考试报名通知一般由文字和表格组成，其设计应以简单的文字排版和各类报名表格的制作为主，需特别注意表格的合理设计和美化设置。

本项目以计算机等级考试报名通知为例，介绍段落文字的排版和表格的制作，包括特殊符号的插入、日期的插入、表格的创建、边框和底纹的设置及表格属性的设置。本项目效果图如图2-1所示。

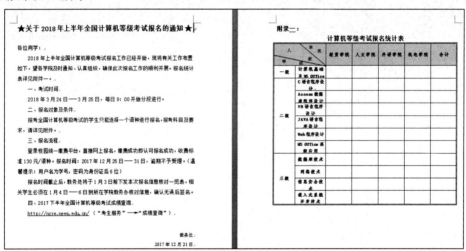

图2-1 表格设置效果图

2.2 项目分析

本项目在制作时，主要用到如下知识与技能：

（1）插入特殊符号

特殊符号包括单位符号、数字符号、拼音、标点符号等。这类特殊符号很难用输入法直接输入，但在文档录入过程中又经常遇到，例如"√""∫""★"等符号。

（2）插入日期和时间

可在信件、通知中插入时间和日期，其中时间和日期的格式分为若干种，编辑人员可以根据需要进行选择。

（3）表格的创建

Word 的表格由水平的"行"和垂直的"列"组成。行和列交叉成的矩阵部分称为"单元格"。表格的创建分为自动插入表格和手动绘制表格两种。

（4）表格的编辑

表格的编辑主要指对表格边框和底纹的设置及单元格的合并、拆分等，表格的编辑分为以表格为对象的编辑和以单元格为对象的编辑。

（5）表格属性

表格属性主要指表格、行、列、单元格的属性，包括尺寸、大小、对齐方式的设置等。

2.3　项目实现

2.3.1　插入符号和日期

（1）符号插入

要求：给标题"关于 2018 年上半年全国计算机等级考试报名的通知"左右分别插入一个特殊符号"★"。

打开素材，将光标定位在标题左侧，单击"插入"选项卡→"符号"组中的"符号"按钮，选择"其他符号"命令，打开"符号"对话框。选择"字体"为"（普通文本）"，"子集"为"其他符号"，选中"★"符号后单击"插入"按钮，如图 2-2 所示。

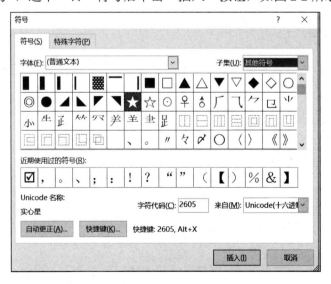

图 2-2　插入符号

（2）当前日期插入

要求：在"教务处"下一行插入系统当前日期。

将光标定位在"教务处"落款下一行，单击"插入"选项卡→"文本"组中的"日期和时间"按钮，打开"日期和时间"对话框，选择合适的时间格式即可插入，如图 2-3 所示。

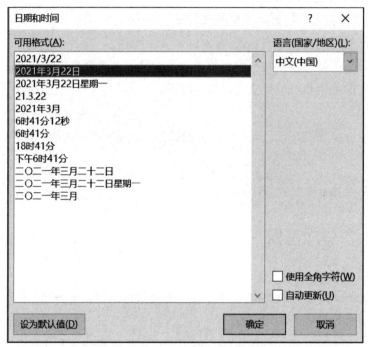

图 2-3　插入系统日期

如想让插入的日期跟随系统日期变化而变化，勾选右下角的"自动更新"复选框即可。

2.3.2　表格框架设计

表格框架设计指的是表格初始轮廓的创建，主要对表格的行数和列数进行设计。

（1）清除格式

在标题行"计算机等级考试报名统计表"段落尾按 Enter 键，产生一个新的段落。选中新段落，单击"开始"选项卡→"字体"组中"清除格式"按钮，清除所选内容的所有格式，返回文本的默认设置，如图 2-4 所示。

图 2-4　清除原有格式

（2）插入表格

单击"插入"选项卡→"表格"组中的"表格"按钮，选择"插入表格"命令，打开"插入表格"对话框。设置"列数"为"7"，"行数"为"4"，如图 2-5 所示，单击"确定"按钮，得到如图 2-6 所示结果。

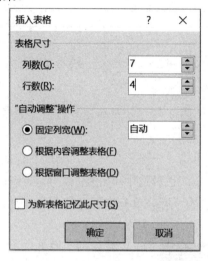

图 2-5　"插入表格"对话框

计算机等级考试报名统计表

图 2-6　插入表格后效果

2.3.3　表格单元格合并与拆分

在实际应用中，经常需要将插入后的表格框架进行调整，主要为表格单元格的合并和拆分。

（1）单元格合并

要求：将表格中第 1 行的第 1～2 列合并单元格，将表格中第 3 行的第 2～7 列合并单元格，将表格中第 4 行的第 2～7 列合并单元格。

选中第 1 行的第 1 列至第 2 列，单击"表格工具"的"布局"选项卡→"合并"组中的"合并单元格"按钮，如图 2-7 所示。也可选中单元格后，右击，在弹出的快捷菜单中选择"合并单元格"命令。

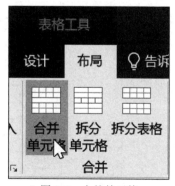

图 2-7　合并单元格

其他两组单元格的合并方法与之相类似，得到如图 2-8 所示结果。

附录一：

计算机等级考试报名统计表

图 2-8　合并单元格后效果图

（2）单元格拆分

要求：将表格中第 3 行的第 2 列拆分为 6 列 6 行，将表格中第 4 行的第 2 列拆分为 6 列 4 行。

选中第 3 行的第 2 列，单击"表格工具"的"布局"选项卡→"合并"组中的"拆分单元格"命令，如图 2-9 所示。也可选中单元格后，右击鼠标，在弹出的快捷菜单中选择"拆分单元格"命令。在弹出的"拆分单元格"对话框中，设置"列数"为"6"，"行数"为"6"，如图 2-10 所示。

图 2-9　拆分单元格　　　　　　图 2-10　"拆分单元格"对话框

用同样的方法拆分第 4 行的单元格，得到如图 2-11 所示效果。

附录一：

计算机等级考试报名统计表

图 2-11　拆分单元格后效果图

2.3.4 表格属性设置

表格属性设置主要包含表格对齐方式、文本环绕方式，行高、列宽设计等。

要求：设置表格中第一行行高为 1.8 厘米，其他行行高为 1 厘米，第一列列宽为 1.5 厘米。

将光标放置于表中第一行，单击"表格工具"的"布局"选项卡→"表"组中的"表格属性"命令，也可右击鼠标，在弹出的快捷菜单中选择"表格属性"命令。在弹出的"表格属性"对话框中，切换到"行"选项卡，选中"指定高度"复选框，在数值框中输入"1.8厘米"，"行高值是"设为"固定值"，如图 2-12 所示。

图 2-12 表格行高设置

选中其他行，用同样的方法设置其他行的行高为 1 厘米，第一列的列宽为 1.5 厘米。

2.3.5 表格表头设置

表头指的是表格中左上角第一个单元格，在实际应用中经常需要绘制斜线表头。

Word 2019 中取消了原先 Word 2003 版的"斜线表头设计"命令，在此可以采取画线加文本框的方法。

（1）表头斜线设计

单击"插入"选项卡→"插图"组中的"形状"命令，选择"线条"类中第一个"❐"直线，在表头中绘制两条斜线，如图 2-13 所示。

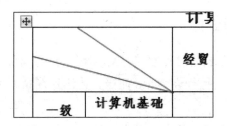

图 2-13　表头设置

绘制的斜线颜色与表格不一致的话，可以调整一下斜线的颜色，保证协调一致。选择刚画的斜线，单击"绘图工具"的"格式"选项卡→"形状样式"组中的"形状轮廓"命令，选择所需颜色即可，如图 2-14 所示。

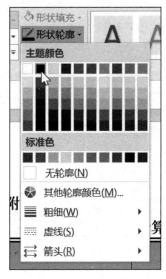

图 2-14　调整斜线颜色

（2）表头文字内容设计

添加表头的文字时，注意不要直接在单元格中输入内容，这样不好排版。可以使用"插入"选项卡→"文本"组中的"文本框"来添加表头文字内容。注意设置插入的文本框形状轮廓为"无轮廓"，效果如图 2-15 所示。

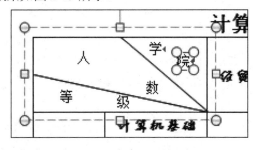

图 2-15　表头文字设计

2.3.6　表格边框底纹设置

表格的边框和底纹设置与文字边框底纹设置有所不同，应该注意应用范围。

（1）表格边框设计

要求：将表格的外侧框线设置为"双细线"，宽度为"1.5 磅"；内部框线设置为"单细线"，宽度为"0.5 磅"。

单击表格左上角的"⊞"符号选中整个表格，单击"表格工具"的"设计"选项卡→"表格样式"组中的"边框"下拉菜单，选择"边框和底纹"命令，打开"边框和底纹"对话框。也可右击，在快捷菜单中选择此命令。

选中"边框"选项卡，在"设置"区域中选择"无"，去掉现有所有边框。在"样式"组中选择线型为"双细线"，调整"宽度"为"1.5 磅"，应用于外边框。应用外边框的方法为，可在右侧"预览"区域中，选择上、下、左、右四周边框。继续选择样式线型为"单细线"，调整宽度，应用于右侧"预览"区域中的行中间与列中间边框，"应用于"范围为"表格"，如图 2-16 所示。

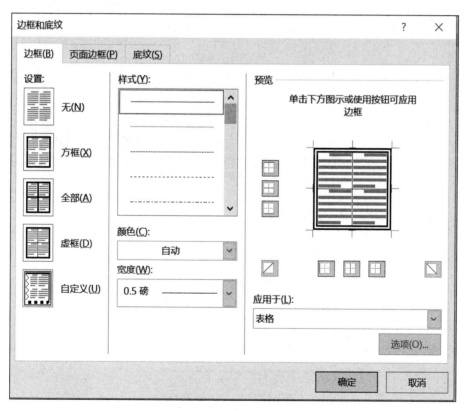

图 2-16　表格边框设置

斜线的粗细如果与表格不一致的话，可以进行调整。单击"绘图工具"的"格式"选项卡→"形状样式"组中的"形状轮廓"下拉列表中的"粗细"，选择适当的粗细即可。

（2）表格底纹设置

要求：将表格中第一行单元格的底纹设置为"白色，背景1，深色15%"。

选中表格第一行，在"边框和底纹"对话框的"底纹"选项卡中，按照要求设置填充色，注意"应用于"为"单元格"，如图2-17所示。

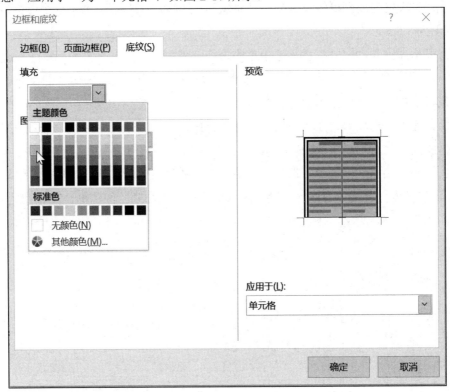

图2-17　设置第一行底纹

2.3.7　表内文字对齐设置

表格内文字的对齐与非表内文字对齐的方式有所不同。

要求：将表格中所有单元格中的文字设置为"中部居中"。

选中表格中所有单元格（注意不要用"⊞"选中整表），单击"表格工具"的"布局"选项卡→"对齐方式"组中的▤按钮，如图2-18所示。也可右击在快捷菜单中设置单元格的对齐方式。

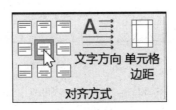

图2-18　设置单元格对齐方式

2.4　项目总结

本项目着重培养学生的表格制作能力，包括表格的创建、表格的编辑和表格的编排 3 个部分。在以后的同类操作中还需注意以下相关技巧：

（1）创建表格时，除了使用"表格"→"插入表格"的方法之外，还可以使用"表格"→"绘制表格"命令，手动绘制表格。

（2）编辑表格时，要注意选择对象，分为表格的编辑和单元格的编辑 2 种。灵活使用单元格的合并和拆分才能做出结构复杂的表格。

2.5　课后练习

编辑制作一张如图 2-19 所示的课程表。

（1）单元格文字设置为中文"宋体，五号"，西文"Times New Roman，五号"。

（2）单元格对齐方式为"中部居中"。

（3）设置第 4 行（即上午与下午之间的行）的行高为 0.1 厘米。

（4）第 1 行底纹颜色为"橙色，强调文字颜色 6，淡色 80%"，第 1 列（不包括表头单元格）底纹颜色为"黄色"。

（5）设置表格内外边框均为"单细线"，其中外边框宽度为 2.5 磅，内边框宽度为 1 磅，设置第 1 行下边框为"双细线"。

时间＼星期		一	二	三	四	五
上午	1	高等数学	英语	高等数学	体育	思想道德
	2					
	3	计算机	线型代数	计算机	英语	高等数学
	4					
下午	1	物理实验	法律	听力		
	2					
	3			大学语文		
	4					

图 2-19　课后练习效果图

项目 3 邮件合并——批量制作成绩单

3.1 项目背景

天一中学期中考试结束，老师需要给每位学生和家长发成绩单，每个学生的成绩单上的姓名、每门课的成绩都是不一样的，需要我们利用 Word 2019 的邮件合并功能进行制作。

3.2 项目分析

邮件合并，不是简单地将若干邮件的内容合并在一起，而是先编辑好一个包含固定内容的主文档（本例中主文档是成绩单的范本文件），然后将另外一个数据源中的信息插入到主文档的特定位置。

利用邮件合并这个功能，我们可以快速地制作信封、公函、请帖、成绩单、各类证书等具有固定格式和内容，且真实部分内容是动态的文本。

3.3 项目实现

3.3.1 建立成绩单的数据源

创建 Excel 文档"成绩.xlsx"，在默认的 Sheet1 工作表中输入内容。创建好后保存并关闭文档，如图 3-1 所示。

	A	B	C	D	E	F	G
1	班级	姓名	语文	数学	英语	科学	
2	初一（1）班	王力	109	120	108	168	
3	初一（1）班	马立军	120	128	110	118	
4	初一（1）班	李小萍	118	135	112	135	
5	初一（1）班	周南南	95	145	98	147	
6	初一（1）班	王一鸣	88	111	106	156	
7	初一（1）班	方敏	112	123	112	170	
8	初一（1）班	安娜	126	128	108	154	
9	初一（1）班	张明里	108	116	111	138	
10	初一（1）班	章琳琳	114	88	103	129	
11	初一（1）班	王丁一	116	134	112	108	
12							

图 3-1 "成绩.xlsx"文件

3.3.2　创建成绩单主文档

建立新的 Word 文档"CJDMB.docx"，打开文档，输入标题文字，再插入 3 行 4 列表格，输入文本，如图 3-2 所示。

天一中学 2020 学年第二学期学生期中成绩报告单

班级：　　　　　　　　　　姓名：

语文	数学	英语	科学
备注： 语文、数学满分为 150 分，英语满分为 120 分，科学满分为 180 分			

图 3-2　成绩单主文档

3.3.3　实现邮件合并

（1）单击"邮件"选项卡→"选择收件人"组中的"使用现有列表"命令，在打开的对话框中选择创建好的 Excel 文档"成绩.xlsx"，单击"打开"按钮后在打开的对话框中选择数据所在的工作表，如图 3-3～图 3-5 所示。

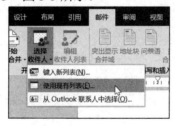

图 3-3　选择收件人

图 3-4　选择数据源

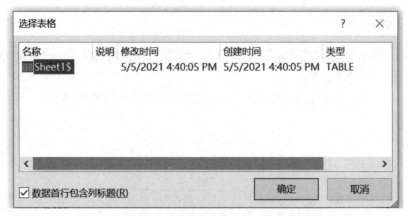

图 3-5　选择数据所在的工作表

（2）将光标定位在"班级："字后，插入班级域，单击"邮件"选项卡→"插入合并域"组中的"班级"命令，域用《》标识，然后用相同方法分别在文档中相应的位置插入《姓名》域、《语文》域、《数学》域、《英语》域和《科学》域，如图 3-6 所示。

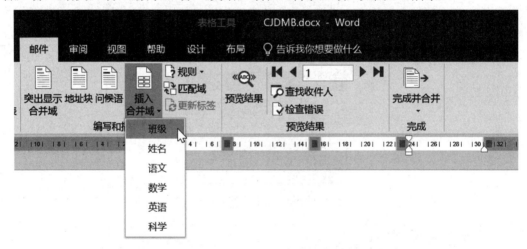

天一中学 2020 学年第二学期学生期中成绩报告单

班级：《班级》　　　　　　　　　　　姓名：《姓名》

语文	数学	英语	科学
《语文》	《数学》	《英语》	《科学》
备注：			
语文、数学满分为 150 分，英语满分为 120 分，科学满分为 180 分			

图 3-6　插入域

（3）单击"邮件"选项卡→"完成并合并"组中的"编辑单个文档（E）…"命令，如图 3-7 所示。在打开的对话框中选择合并记录"全部"，合并到新文档，单击"确定"按钮，自动生成合并后的新文档，文档名称默认"信函1"，如图3-8所示。

图 3-7 合并文档

图 3-8 合并所有记录

最后生成一个 10 页的成绩单文档，第一页如图3-9所示。

天一中学 2020 学年第二学期学生期中成绩报告单

班级：初一（1）班　　　　　　　　　姓名：王力

语文	数学	英语	科学
109	120	108	168
备注： 语文、数学满分为150分，英语满分为120分，科学满分为180分			

图 3-9 邮件合并后效果图

3.4 项目总结

本项目主要是实现表格设计及邮件合并的使用。这两方面内容的实用性都比较强，应用范围也非常广泛。

邮件合并在使用的过程中，要严格按照其操作步骤，一步一步来实现。特别是在数据源的设置及使用过程中，要注意数据源的正确性，在完成邮件合并之前要确认各字段的设置的正确性。

3.5　课后练习

根据素材，使用邮件合并完成录取通知书的设置。

项目 4 考试信息设置——Word 页面布局

4.1 项目背景

小韦负责制作某学院期末考试的成绩介绍说明。使用 Word 2019 进行制作该介绍时，要求各页面的布局不尽相同，请你利用所学知识帮助小韦完成该介绍的制作。期末考试成绩介绍整体要求如下：

（1）文档共 6 页，1、2 页为一节，3、4 页为一节，5、6 页为一节。

（2）每页显示内容均为 4 行，内容水平对齐方式为"居中"，样式均为正文。第 1 节第 1 行为语文，第 2 节第 1 行为数学，第 3 节第 1 行为英语。每页第 2 行显示：第 X 节；第 3 行显示：第 Y 页；第 4 行显示：共 Z 页。其中 X、Y、Z 是使用插入的域自动生成的，并以中文数字（壹、贰、叁）的形式显示。

（3）第 1 节，页面垂直对齐方式为"居中"，纸张方向为纵向，纸张大小为 16K；页眉内容为"90"，页脚内容为"优秀"，均居中显示。

（4）第 2 节，页面垂直对齐方式为"顶端对齐"，纸张方向为横向，纸张大小 A4；每行文字均添加行号，从"1"开始，每页重新编号。页眉内容为"65"，页脚内容为"及格"，均居中显示。

（5）第 3 节，页面垂直对齐方式为"底端对齐"，纸张方向为纵向，纸张大小为 B5；设置每页 40 行，每行 30 字。页眉内容为"58"，页脚内容为"不及格"，均居中显示。

4.2 项目分析

本项目在制作时，主要用到如下知识与技能：

（1）插入分页符与分节符

分页符是分页的一种符号，处于上一页结束及下一页开始的位置。Word 中可通过插入"手动"分页符在指定位置强制分页。

分节符是指为表示节的结尾插入的标记。分节符包含节的格式设置元素，如页边距、页面的方向、页眉和页脚，以及页码的顺序。分节符用一条横贯屏幕的虚双线表示。

（2）设置分页与分节

在建立新文档时，Word 将整篇文档默认为一节，在同一节中只能应用相同的版面设计。

为了版面设计多样化，可以将文档分割成任意数量的节，用户可以根据需要为每节设置不同的节格式。

"节"是一篇文档版面设计的最小最有效单位。可为节设置页边距、纸型或方向、打印机纸张来源、页面边框、垂直对齐方式、页眉页脚、分栏、页码、行号、脚注和尾注等多种格式类型。节操作主要通过插入分节符来实现。分节符主要有"下一页""连续""奇数页""偶数页"四种类型。我们在写论文时，想把论文分成不同的节，同时还要实现新的节从下一页开始，这时候我们通常用"下一页"的分节符。

分页分为软分页和硬分页，当文档排满一页时，Word 2019 会按照用户所设定的纸型、页边距值及字体大小等自动对文档进行分页处理，在文档中插入一条单点虚线组成的软分页符（草稿视图可见）。随着文档内容增加，Word 会自动调整软分页及页数。硬分页符是在文档想要的分页处定位光标，单击"插入"选项卡→"页"组中的"分页"（快捷键 Ctrl+Enter）按钮；或者单击"页面布局"选项卡→"页面设置"组中的"分隔符"按钮，单击"分页符"即可实现硬分页。

（3）域的插入与更新

域是 Word 文档中的一些字段。每个域都有一个唯一的名字，但有不同的取值。在文档排版时，若能熟练使用域，可增强排版的灵活性，减少许多烦琐的重复操作，提高工作效率。

（4）页面设置

页面设置包括页边距、纸张、版式和文档网格四个选项的设置。

（5）页眉和页脚设置

页眉一般放在每个页面的顶部区域，页脚放在文档中每个页面的底部区域。页眉常用于显示文档的附加信息，可以插入时间、图形、公司徽标、文档标题、文件名或作者姓名等信息。

（6）添加不同的页眉和页脚

在分节后的文档页面中，不仅可以对节进行页面设置、分栏设置，还可以对节进行个性化的页眉和页脚设置。比如在同一文档中，不同节的页眉和页脚设置不同，奇偶页的页眉和页脚设置不同，不同章节的页码编写方式不同等。

页眉和页脚内容可以是任意输入的文字、日期、时间、页码，甚至图形等，也可以是手动插入的"域"，实现页眉和页脚的自动化编辑。

为文档插入页眉和页脚，可以利用"插入"选项卡中的"页眉和页脚"组完成。

单击"插入"选项卡中的"页眉"按钮，可以在下拉菜单中预设的多种页眉样式中选择，这些样式存放在页眉"库"中的构建基块。需要注意，若已插入了系统预设样式的封面，则可以挑选预设样式的页眉和页脚以统一文档风格。也可以单击"编辑页眉"，此时系统会自动切换至"页面视图"，并且文档中的文字全部变暗，以虚线框标出页眉区，在屏幕上显示"页眉和页脚工具—设计"选项卡，此时自己可键入文字，或者根据页眉和页脚工具自行插入时间、日期、图片等。如需插入域代码，可选择"设计"选项卡→"插入"组，在"文档部件"下拉菜单中选择"域"。单击"关闭页眉和页脚"按钮。

"页面和页脚工具—设计"选项卡是辅助建立页眉和页脚的工具栏，包括"页眉和页脚""插入""导航""选项""位置""关闭"6 个功能组。

"页眉和页脚"组主要有"页眉""页脚""页码"3 项内容，可以分别实现插入"页眉""页脚""页码"。

"插入"组中主要有"日期和时间""文档部件""图片""剪贴画"4 项内容，可以在页眉或页脚中插入"日期和时间""文档部件""图片"等内容。

"导航"组中可以实现"页眉"和"页脚"的切换，还有 3 个与节相关的按钮功能：

①链接到前一条：当文档被划分为多节时，单击该按钮可以建立本节页眉或页脚与前一节页眉/页脚的链接关系。

②上一节：当文档被划分为多节时，单击该按钮可以进入上一节的页眉或页脚区域。

③下一节：当文档被划分为多节时，单击该按钮可以进入下一节的页眉或页脚区域。

"选项"组主要包含"首页不同""奇偶页不同""显示文档文字"等选项，分别设置为首页不同或者是奇偶页不同，在设置文档页眉或页脚时，如果不想显示文档文字，可以不选择"显示文档文字"选项。

"位置"组可以设置页眉和页脚的边界的尺寸。这是距离页边界的尺寸，而不是页眉或页脚本身的尺寸。

注意：在文档的页眉或页脚区域直接双击也可进入页眉和页脚的编辑状态，出现"页眉和页脚工具—设计"选项卡，但无法选择页眉和页脚的构建基块。

如需要删除页眉和页脚，可以单击"插入"选项卡→"页眉和页脚"组中的"页眉"或"页脚"按钮，再选择下拉菜单中的"删除页眉/删除页脚"即可。或者直接双击页眉或页脚区域，在编辑状态下删除。需要注意的是，在未分节的文档中，选择删除某页眉后，Word 2019 会删除所有页眉。而在分节文档中，若已断开与前后节的链接，删除页眉只会影响本节的页眉设置。

4.3　项目实现

4.3.1　设置多页文档

在 Word 文档中，要使文档分页，可插入分页符或者分节符。

分页符仅仅只用于分页，将光标以后的内容另起一页，但光标前的内容和光标后的内容还是同一节的，页面设置、页眉和页脚都只能进行相同的设置。

分节符用于分节，可以同一页中分不同节，也可以在分节的同时进入下一页（奇、偶数页）。分节后文档中的各节可以进行不同的页面设置，各节也可以设置不同的页眉、页脚。

分页符与分节符在文档中的应用：

（1）文档编排中，某几页需要横排，或者需要不同的纸张、页边距等，那么将这几页单独设为一节，与前后内容不同节。

（2）文档编排中，首页、目录等的页眉和页脚、页码与正文部分需要不同，那么将首页、目录等作为单独的节。

（3）如果前后内容的页面编排方式与页眉和页脚都一样，只是需要新的一页开始新的一章，那么一般用分页符即可，当然用分节符（下一页）也行。

要求：文档总共为 6 页，1、2 页为一节，3、4 页为一节，5、6 页为一节。

新建 Word 空白文档，单击"布局"选项卡→"页面设置"组中的"分隔符"按钮，选择"分页符"，插入一个分页符将页面分为 2 页，如图 4-1 所示。

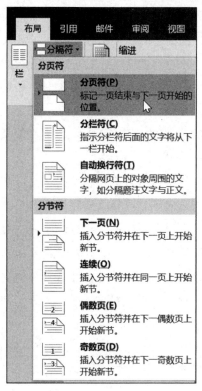

图 4-1　插入分页符

单击"开始"选项卡→"段落"组右上角的 ↲ "显示/隐藏编辑标记切换"按钮，显示分页符，如图 4-2 所示。

按照同样的步骤，在第 2 页的后面插入一个分隔符中的分节符（下一页），将第 2 页和第 3 页分成两节。

图 4-2　显示出的分页符

按照顺序，依次插入分页符、分节符（下一页）、分页符、分节符（下一页）、分页符后，将文档分成 6 页，共 3 节。双击文档最上方边沿处，将空白遮盖，如图 4-3 所示，可看到分页分节后的文档结果，如图 4-4 所示。

图 4-3　隐藏空白

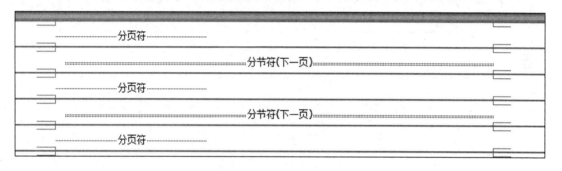

图 4-4　分页分节后文档效果

4.3.2　插入内容与域

要求：每页显示内容均为 4 行，内容水平对齐方式为"居中"，样式均为正文。第 1 节第 1 行为语文，第 2 节第 1 行为数学，第 3 节第 1 行为英语。每页第 2 行显示：第 X 节；第 3 行显示：第 Y 页；第 4 行显示：共 Z 页。其中 X、Y、Z 是使用插入的域自动生成的，并以中文数字（壹、贰、叁）的形式显示。

（1）内容输入

第 1、2 页首行中分别输入"语文"，第 3、4 页首行中分别输入"数学"，第 5、6 页首行中分别输入"英语"。在第 1 页的第 2、3、4 行中分别输入"第节""第页""共页"，如图 4-5 所示。

（2）插入域

将光标定位于"第节"中间，单击"插入"选项卡→"文本"组中的"文档部件"，选择"域"命令，打开"域"对话框。节序号域名为"编号"类别中的"Section"域，在"域属性"区域修改格式为中文大写格式"壹、贰、叁…"，如图 4-6 所示。

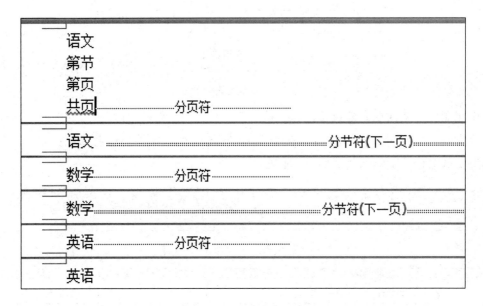

图 4-5　输入文本内容

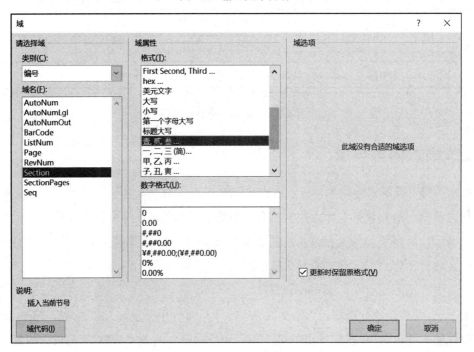

图 4-6　插入节序号域

依次在"第页"和"共页"中间插入当前页码域和文档总页数域，方法与节序号域类似。其中当前页码域为"编号"类别中的"Page"域，文档总页数域为"文档信息"类别中的"NumPages"域，注意修改格式。

选中第 2、3、4 行，右击，在弹出的快捷菜单中选择"切换域代码"命令，可查看到插入的 3 个域名，如图 4-7 所示。

图 4-7　插入 3 个域

（3）更新域

将第 1 页的 2、3、4 行复制，并粘贴到其余页的 2、3、4 行中，此时可看到所有页面中都是"第壹节、第壹页、共陆页"。

全选所有内容，按照要求将段落格式设置为水平居中，右击，在弹出的快捷菜单中选择"更新域"命令，或直接按功能键 F9，可对所有的域进行更新，其中第 5 页的效果如图 4-8 所示，可见相关的域内容已经得到更新。

图 4-8　更新域后的第 5 页效果

4.3.3　页面设置

（1）第 1 节页面设置

要求：页面垂直对齐方式为"居中"，页面方向为纵向，纸张大小为 16 开。

将光标定位于第 1 节中，单击"布局"选项卡→"页面设置"组右下角的 按钮，打开"页面设置"对话框。在"页边距"选项卡中部的"纸张方向"中设置为"纵向"，在"纸张"选项卡的"纸张大小"中设置为"16 开"，在"版式"选项卡中部的"页面"→"垂直对齐方式"中选择"居中"，如图 4-9 所示。

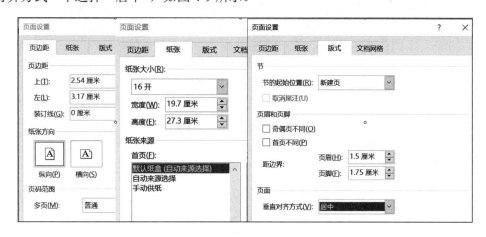

图 4-9　第 1 节页面设置

三项设置的"应用于"均为默认的"本节"，如图 4-10 所示。

（2）第 2 节页面设置

要求：页面垂直对齐方式为"顶端对齐"，页面方向为横

图 4-10　应用范围为本节

向，纸张大小为 A4，每行文字均添加行号，从"1"开始，每页重新编号。

图 4-11　行号设置

将光标定位于第 2 节中，按照与第 1 节相同的方法设置页面方向、纸张大小、垂直对齐方式。单击"版式"菜单右下角的 按钮，打开"行号"对话框，设置从"1"开始，并勾选"每页重新编号"，如图 4-11 所示。注意"应用于"范围还是"本节"。

（3）第 3 节页面设置

要求：页面垂直对齐方式为"底端对齐"，页面方向为纵向，纸张大小为 B5。设置每页 35 行，每行 30 字。

将光标定位于第 3 节中，按照与第 1 节相同的方法设置页面方向、纸张大小、垂直对齐方式。单击"文档网格"选项卡，选中"网格"区域中的"指定行和字符网格"项，并设置"每行"字符数为 30，"每页"行数为 35，如图 4-12 所示。注意"应用于"范围仅限"本节"。

图 4-12　设置文档网格

4.3.4　页眉和页脚设置

（1）设置第 1 节页眉和页脚

要求：页眉内容为"90"，页脚内容为"优秀"，均居中显示。

将光标定位于第 1 节中，单击"插入"选项卡→"页眉和页脚"组中的"页眉"按钮，选择"编辑页眉"命令，打开"页眉和页脚工具—设计"选项卡，光标自动跳转入首页页眉中，设置页眉内容为"90"。

将光标移至首页页脚中，设置页脚内容为"优秀"，并设置居中对齐。

（2）设置第 2、3 节页眉和页脚

要求：第 2 节页眉内容为"65"，页脚内容为"及格"；第 3 节页眉内容为"58"，页脚内容为"不及格"。

将光标定位于第 2 节的页眉中，此时可发现已经有了"90"的内容，但是不符合要求。单击"页眉和页脚工具—设计"选项卡→"导航"组中的"链接到前一条页眉"，断开与第 1 节的链接关联，使默认存在的颜色消失，如图 4-13 所示。此时设置第 2 节的页眉内容为"65"，第 1 节的页眉内容不会更改。

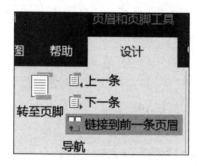

图 4-13　断开链接关联

将光标定位于第 2 节的页脚中，按照前面的方法断开与第 1 节页脚的链接关联后，重新修改页脚内容为"及格"。

第 3 节中的页眉和页脚的修改方法，与第 2 节页眉和页脚的修改方法一致。

设置完后，单击"页眉和页脚工具—设计"选项卡→"关闭"组中的"关闭页眉和页脚"按钮，退出页眉和页脚编辑状态，如图 4-14 所示。

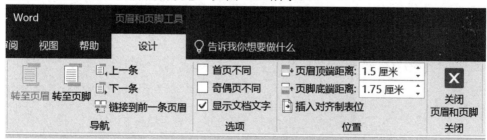

图 4-14　退出页眉和页脚编辑

4.4　项目总结

本项目着重培养学生的页面布局与设置能力，包括分页符和分节符的合理使用、页面设置、页眉和页脚设置，在以后的同类操作中还需注意以下相关技巧：

（1）区别对待分页符与分节符，当各部分页面设置和页眉及页脚设置需不同时，只能选择分节符。

（2）页面设置时，需注意应用范围，注意"本节""插入点之后""整篇文档"的区别，另外页面设置无"本页"选项。

（3）设置各节的页眉和页脚时，如果需要不同设置，则必须先断开与上一节的链接关联，然后才能修改，否则将会影响到上一节的页眉和页脚内容。

4.5　课后练习

（1）创建文档"国家信息.docx"，由 3 页组成。

①第 1 页第 1 行内容为"中国"，样式为"标题 1"，页面垂直对齐方式为"居中"；页面方向为纵向，纸张大小为 16 开；页眉内容设置为"China"，居中显示；页脚内容设置为"我的祖国"，居中显示。

②第 2 页中第 1 行内容为"美国"，样式为"标题 2"，页面垂直对齐方式为"顶端对齐"；页面方向为横向，纸张大小为 A4；页眉内容设置为"USA"，居中显示；页脚内容设置为"American"，居中显示；对该页面添加行号，起始编号为"1"。

③第 3 页中第 1 行内容为"日本"，样式为"正文"，页面垂直对齐方式为"底端对齐"；页面方向为纵向，纸张大小为 B5；页眉内容设置为"Japan"，居中显示；页脚内容设置为"岛国"，居中显示。

（2）创建文档"我的文档"，要求：

①文档总共 6 页，第 1 页和第 2 页为一节，第 3 页和第 4 页为一节，第 5 页和第 6 页为一节。

②每页显示内容均为 3 行，左右居中对齐，样式为"正文"。第 1 行显示：第 x 节；第 2 行显示：第 y 页；第 3 行显示：共 z 页。其中 x，y，z 是使用插入的域自动生成的，并以中文数字（壹、贰、叁）的形式显示。

③每页行数均设置为 40，每行 30 个字符。每行文字均添加行号，从"1"开始，每节重新编号。

项目 5　页面布局——迎新晚会邀请函设计

5.1　项目背景

某学院准备于 2021 年 9 月 11 日举行迎接新生晚会（简称迎新晚会）。会议筹备小组要求工作人员用所学 Word 知识制作一份迎新晚会邀请函样板。

页面布局是版面设计的重要组成部分，它反映的是文档中的基本格式。在 Word 2019 中，"布局"选项卡包括"页面设置""页面背景"等多个功能"组"。"组"中列出了页边距、纸张方向、纸张大小、页面颜色、边框等功能。

5.2　项目分析

在设计该邀请函的过程中，主要使用 Word 2019 的"布局"选项卡中相应的功能。在设计过程中主要应用"纸张大小、方向""页面对齐方式""纸张对折打印""插入节""设置文字格式、方向"等知识点。

5.3　项目实现

5.3.1　设置版面布局

（1）内容概述

打印出的邀请函要求一共由 4 页组成：第 1 页为邀请函的封面，内容为"邀请函"，字体为"隶书"，字号为 72 号，竖排文字。第 2 页第 1 行内容为"尊敬的___先生/女士："字体为"楷体_GB2312"，字号为"小二"；第 2 行内容为"现诚邀请您参加 XXXX 学院的迎新晚会"，字体字号默认；第 3、4 行内容为"迎新晚会将于 2021 年 9 月 11 日晚 6：30 在 XXXX 学院大学生活动中心举行，敬请光临！"字体等格式默认，文字横排。第 3 页内容为"附：迎新晚会节目单"，格式默认，文字横排。第 4 页第 1 行内容为"时间：2021 年 9 月 11 日晚 6：30"，字体格式默认，文字竖排；第 2 行内容为"地点：大学生活动中心"，格式默认，文字竖排。

（2）操作步骤

①新建"邀请函.docx"文档，单击"布局"选项卡→"分隔符"组中的"下一页"按钮，生成四页的文档，如图 5-1 所示。

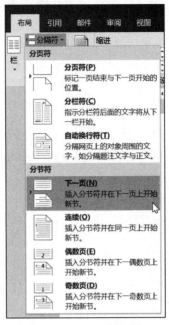

图 5-1　插入分隔符图

②在第 1 页中输入"邀请函"，设置文字方向为"纵向"，设置纸张方向为"纵向"，设置文字字体为"隶书"，字号为 72 号，设置为"居中"。打开"页面设置"对话框中的"版式"选项卡，设置"页面"→"垂直对齐方式"为"居中"，"应用于"为"本节"，然后单击"确定"按钮，如图 5-2 所示。

③在第 2 页第 1 行中输入"尊敬的_____先生/女士："，字体为"楷体_GB2312"，字号为"小二"；第 2 行中输入"现诚邀请您参加 XXXX 学院的迎新晚会"，字体字号默认；第 3、4 行中输入"迎新晚会将于 2021 年 9 月 11 日晚 6：30 在 XXXX 学院大学生活动中心举行，敬请光临！"格式默认。

④在第 3 页中输入"附：迎新晚会节目单"，格式默认。

⑤在第 4 页中设置文字方向为"纵向"，设置纸张方向为"纵向"，输入第一行内容"时间：2021 年 9 月 11 日晚 6：30"，格式默认；第 2 行内容"地点：大学生活动中心"，格式默认，打开"页面设置"对话框中的"版式"选项卡，设置"页面"→"垂直对齐方式为"居中"，"应用于"为"本节"，然后单击"确定"按钮。

⑥将光标定位在文档中，单击"布局"选项卡→"页面设置"组中的对话框启动器按钮。在打开的对话框中，在"页码范围"的"多页"处选择"书籍折页"，"纸张方向"设置为"横向"，应用于"整篇文档"，然后单击"确定"按钮，如图 5-3 所示。

图 5-2　垂直对齐方式设置

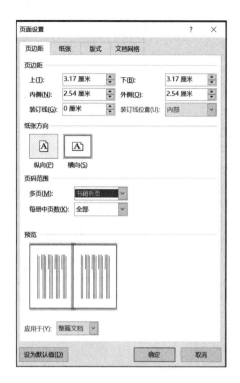

图 5-3　拼页设置

5.3.2　设置页面背景

设置邀请函所有页面背景颜色为"橙色，强调文字颜色 6，淡色 60%"，单击"设计"选项卡，在"页面颜色"中选择颜色，如图 5-4 所示；设置邀请函第 1 页页面边框为"方框"，颜色为红色，宽度为 31 磅，艺术型为"✿✿✿✿✿✿"。

将光标定位于第 1 页，单击"开始"选项卡→"▦"组中的"边框和底纹"按钮，在打开的"边框和底纹"对话框的"页面边框"选项卡下选择"方框"，"颜色"选择"红色"，"宽度"选择"31 磅"，"艺术型"选择"✿✿✿✿✿"，"应用于"选择"本节"，单击"确定"按钮，如图 5-5 所示。

单击"布局"选项卡→"页面背景"组中的"页面颜色"图标，选择页面背景颜色"橙色，强调文字颜色 6，淡色 60%"。

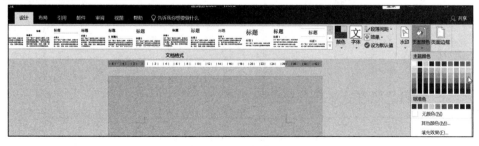

图 5-4　页面颜色设置

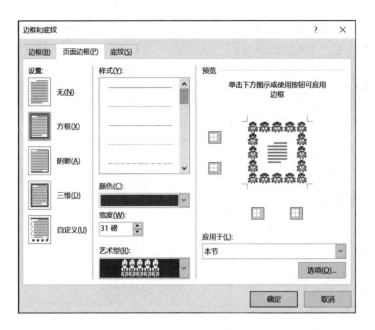

图 5-5　页面边框设置

5.3.3　美化页面

在邀请函的第 2 页和第 3 页加上页眉，页眉内容为"迎新晚会邀请函"，居中显示。

在邀请函的第 3 页定位光标，单击"插入"菜单→"页眉和页脚"组中的"页眉"按钮，在下拉菜单中选择"编辑页眉"，在"导航"组中断开与前一节的链接。在页眉区输入"迎新晚会邀请函"字样。然后关闭页眉和页脚。最后效果如图 5-6 和图 5-7 所示。

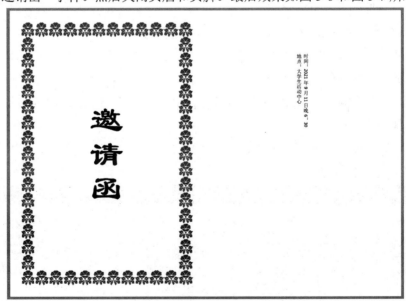

图 5-6　邀请函第 1、4 页效果图

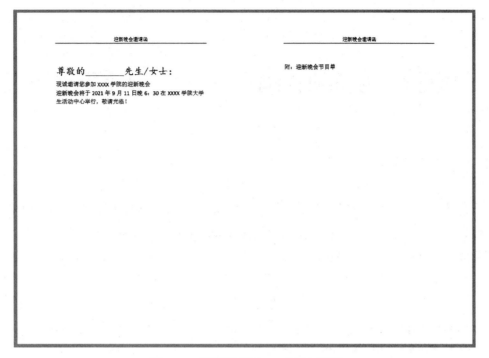

图 5-7　邀请函第 2、3 页效果图

5.4　项目总结

制作邀请函，主要用到了 Word 2019 中的页面设置、页眉和页脚、节、页面背景、页面边框等知识点。在制作过程中一定要注意分节；在设置页眉和页脚时一定要断开与前一节的链接；在对某节进行设置时一定要应用于"本节"。

5.5　课后练习

根据课程学习内容，制作邀请函。要求：

（1）邀请函页面一内容为"邀请函"竖排，字体隶书，字号 72 号，红色，上下左右居中。

（2）邀请函页面二内容为"尊敬的 XXX 女士/先生，现诚邀请您参加 XXXX 学院的迎新晚会，迎新晚会将于 2021 年 9 月 11 日晚 6:30 在 XXX 学院大学生活动中心举行，敬请光临!"文字横排，字体字号默认，左右居中。

（3）邀请函页面三内容为"附：迎新晚会节目单"，使用"标题一"样式，左右居中。

（4）邀请函页面四第 1 行内容为"时间：2021 年 9 月 11 日晚 6：30"，字体格式默认，文字竖排；第 2 行内容为"地点：大学生活动中心"，格式默认，文字竖排。

（5）使用"拼页"制作邀请函。

项目6　多人协作编辑——Word 主子文档

6.1　项目背景

　　小赵是昊天集团负责活动策划的主管，该集团今年准备策划集团成立 10 周年的活动，现需要完成活动方案的设计。因方案内容较多并涉及不同部门，需要不同部门的人员共同协作完成。小赵利用所学的 Word 2019 中的主子文档方法，将内容分成 3 部分，分别由小钱、小孙、小李 3 人协作完成。

　　本例中需要完成如图 6-1 所示文档的创建，主要工作包括：

　　（1）小赵创建主控文档并命名为"昊天集团成立 10 周年庆活动策划方案"；

　　（2）在主控文档中创建 3 个子文档；

　　（3）小钱、小孙、小李分别编辑自己的文档内容。

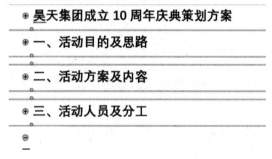

图 6-1　策划方案文档

6.2　项目分析

　　在使用 Word 2019 编辑文档时，为了提高对长文档的处理效率，实现对长文档的分步式处理，可以把长文档拆分成若干个内容相关（如一本书的各章节）的子文档，这个长文档就叫作主控文档。

　　主控文档相当于一个"容器"，子文档嵌入其中。它是所有子文档的统领，对子文档起控制和管理的作用。子文档隶属于主控文档，同时又以独立文件形式保存在磁盘上。子文档具有双重属性。在主控文档中，它是"子"；在主控文档不控制时（主控文档未打开），它是完整、独立的 Word 文件。一级子文档下还可以嵌套属于它的二级子文档，单独打开这个一级子文档，它便是主控文档。主控文档中有若干个超级链接，每个链接对应一个子文档文件。

打开主控文档，对子文档文本内容、格式的编辑，保存关闭后，子文档文件也将同时做相应编辑，有效避免重复劳动和不一致性；同理，打开子文档，对文本内容、格式的编辑，保存关闭后，主控文档中的该子文档内容也将同时相应编辑。

6.3　项目实现

（1）创建主控文档

①在"D:\庆典方案"目录中单击鼠标右键，选择"新建（W）"→"Microsoft Word 文档"，如图 6-2 所示。

②将新创建的文档命名为"昊天集团成立十周年庆活动策划方案"，并打开文档。

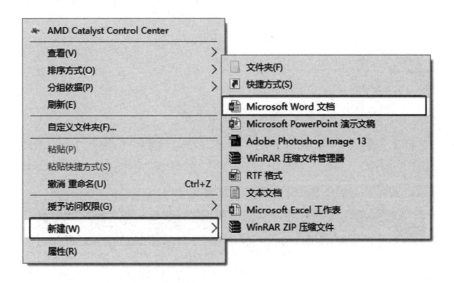

图 6-1　创建主控文档

（2）创建子文档

①在打开的主控文档中单击"视图"菜单中的"大纲"按钮，如图 6-3 所示。

图 6-3　切换大纲视图

②在"主控文档"组中选择"显示文档"，如图 6-4 所示。

③单击"创建"按钮，然后将光标定位到"⊖"处再单击"创建"按钮，连续创建三个子文档，如图 6-5 所示。

图 6-4　显示文档

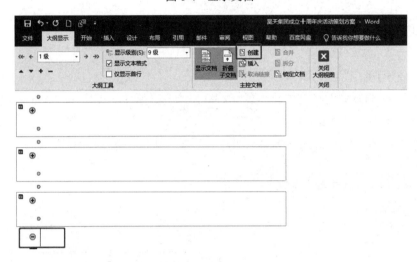

图 6-5　创建子文档

④在子文档 1 中输入"一、活动目的及思路";在子文档 2 中输入"二、活动方案及内容";在子文档 3 中输入"三、活动人员及分工",然后单击"保存"按钮或者单击"折叠子文档"按钮,实现子文档的保存,如图 6-6 所示。

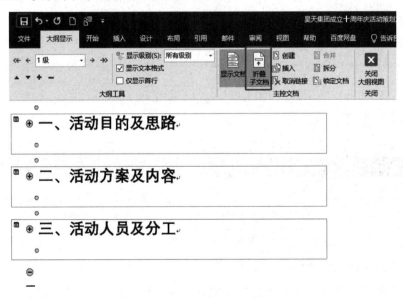

图 6-6　保存子文档

⑤保存后文件夹里面会出现 3 个新的文档，这三个新的文档就是新产生的 3 个子文档，如图 6-7 所示。

此电脑 › 本地磁盘 (D:) › 庆典方案			
名称	修改日期	类型	大小
星天集团成立10周年庆活动策划方案	2021-05-04 10:04	Microsoft Word ...	13 KB
二	2021-05-04 10:04	Microsoft Word ...	12 KB
三	2021-05-04 10:04	Microsoft Word ...	12 KB
一	2021-05-04 10:04	Microsoft Word ...	12 KB

图 6-7　文档图

（3）编辑子文档

这样，小赵就可以把这 3 个子文档分别分享给小钱、小孙、小李进行在线编辑，同时小赵也可以在主控文档中对子文档进行修改或者编辑。

6.4　项目总结

使用主控文档和子文档的方法来编辑文档内容是一种高效率的文档编辑方法，在使用中应注意不要随意对文档进行删除。如果子文档被删除了，则主文档打开后也将失去子文档的内容；如果主控文档被删除了，则子文档将会变成散乱的文档，失去了主子文档的意义。

在文档的编辑过程中能够充分利用主子文档的特性，减少重复劳动，高效率地对文档进行创建、编辑和修改。

6.5　课后作业

（1）建立主控文档"M.docx"，按序创建子文档"S1.docx""S2.docx""S3.docx"。要求：

① "S1.docx"中第 1 行内容为"S1"，样式为"正文"。

② "S2.docx"中第 1 行内容为"实现中华民族伟大复兴"，样式为"正文"，将该文字设置为书签（名为"Mark"）；第 2 行为"富强民主文明和谐"；在第 3 行中插入书签"Mark"标记的文本内容。

③ "S3.docx"中第 1 行使用域插入该文档创建的时间（格式不限）；第 2 行使用域插入该文档的存储大小；样式均为"正文"。

（2）建立主控文档"MM.docx"，按序创建子文档"Ss1.docx""Ss2.docx""Ss3.docx"要求：

① "Ss1.docx" 中第 1 行内容为 "Ss1"，第 2 行内容为文档的创建日期（使用域，格式不限），样式均为 "标题 1"。

② "Ss2.docx" 中第 1 行内容为 "Ss2"，第 2 行内容为 "➜"，样式均为 "标题 1"。

③ "Ss3.docx" 中第 1 行内容为 "绿水青山就是金山银山"，样式为 "正文"，将该文字设置为书签（名为 "Mark"）；第 2 行内容为 "道路自信、理论自信、制度自信、文化自信"；在第 3 行中插入书签 "Mark" 标记的文本内容。

项目 7 文档检索审阅——标记索引、 书签、批注、修订

7.1 项目背景

小周是某单位的工作人员，主要负责相关文档的编辑工作。因工作需要，小周要对文件"文档检索审阅"完成相关的编辑，效果如图 7-1 所示。

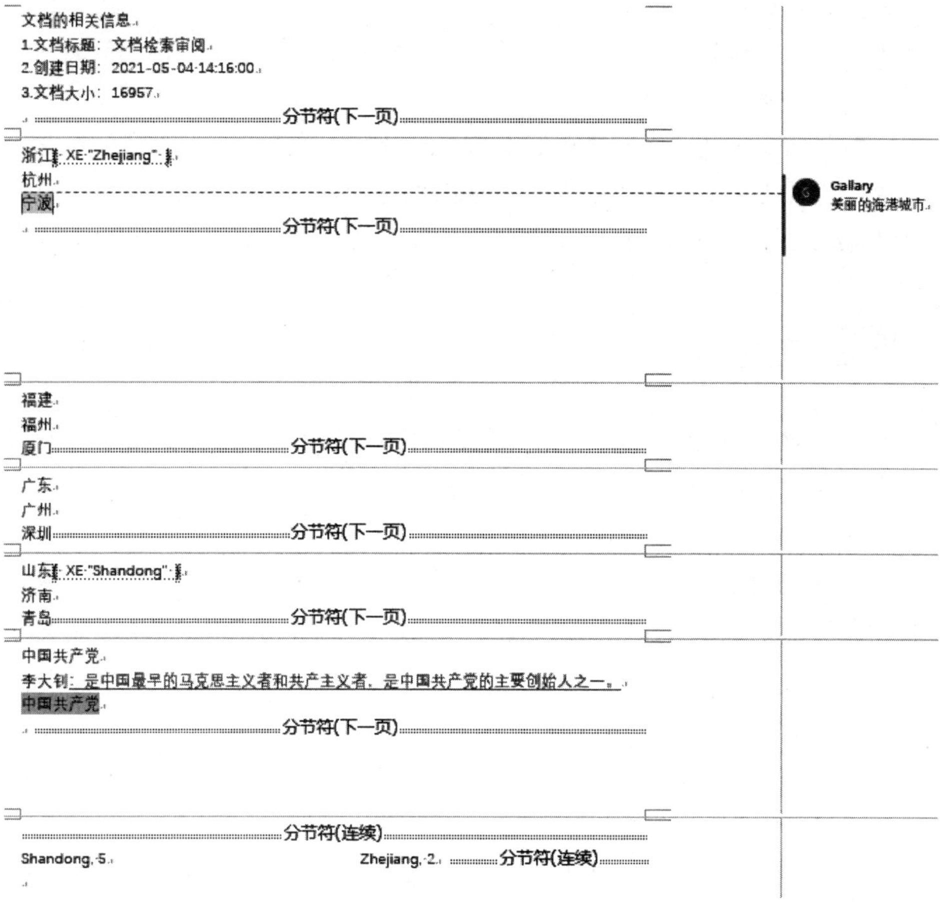

图 7-1 效果图

本案例中，小周需要完成的工作包括：

（1）创建一个 7 页的空白文档并命名为"文档检索审阅"。

（2）第 1 页的编辑：第 1 行输入"文档的相关信息"，第 2 行输入"1.文档标题："并使用域插入文档标题，第 3 行输入"2.创建日期："并使用域插入文档创建日期，第 4 行输入"3.文档大小："并使用域插入文档的大小。

（3）第 2 页的编辑：第 1 行输入"浙江"，第 2 行输入"杭州"，第 3 行输入"宁波"，给宁波添加批注"美丽的海港城市"。

（4）第 3 页的编辑：第 1 行输入"福建"，第 2 行输入"福州"，第 3 行输入"厦门"。

（5）第 4 页的编辑：第 1 行输入"广东"，第 2 行输入"广州"，第 3 行输入"深圳"。

（6）第 5 页的编辑：第 1 行输入"山东"，第 2 行输入"济南"，第 3 行输入"青岛"。

（7）第 6 页的编辑：第 1 行输入"中国共产党"，将该文字设置为书签（名为"Mark"）；第 2 行输入"李大钊"，并在其后加入修订内容"：是中国最早的马克思主义者和共产主义者，是中国共产党的主要创始人之一。"第 3 行插入书签"Mark"标记的文本内容。

（8）第 7 页的编辑：该页为空白页。

（9）在文档的页脚处插入"第 X 页 共 Y 页"形式的页码，X，Y 是阿拉伯数字，使用域自动生成，居中显示。

（10）使用自动索引方式，创建索引自动标记文件"我的索引.docx"，其中：标记为索引项的文字 1 为"浙江"，主索引项为"Zhejiang"；标记为索引项的文字 2 为"山东"，主索引项为"Shandong"使用索引自动标记文件，在文档的第 7 页中创建索引。

7.2 项目分析

小周在使用 Word 2019 完成该案例的过程中需要用到的操作点主要包括域、索引、书签、批注和修订。下面就对这些操作点进行分析：

（1）域

域是文档中可能发生变化的数据。可能发生变化的数据包括目录、索引、页码、打印日期、储存日期、编辑时间、作者、文件命名、文件大小、总字符数、总行数、总页数等。比如在文档中插入"日期和时间"，我们看到的是"2021-06-08 08:30:53"，当在该域上面单击鼠标右键，选择"切换域代码"，得到的是域的代码形式"{DATE\@ " yyyy-MM-dd hh:mm:ss"* MERGEFORMAT }"。域代码一般由 3 部分组成：域名、域参数和域开关。域代码包含在一对大括号"{}"中，我们将"{}"称为域特征字符。特征字符不能直接输入，需要按下快捷键 Ctrl+F9 得到。域代码的通用格式为：{域名[域参数][域开关]}，其中在方括号中的部分是可选的，域代码不区分英文大小写。

域名是域代码的关键字，必选项。域名表示了域代码的运行内容。Word 2019 提供了 70 多个域名，其他域名不能被 Word 识别，Word 会尝试将域名解释为书签。

域参数是对域名做进一步的说明。例如："{ PAGE* Arabic}"，域名是 PAGE，域参数是 Arabic。

　　域开关是特殊的指令，在域中可引发特定的操作。域开关通常可以让同一个域出现不同的域结果。域通常有一个或者多个可选的开关，开关与开关之间使用空格进行分隔。域开关和域参数的顺序有时是有关系的，但并不总是这样。一般开关对整个域的影响会优于任何参数。影响具体参数的开关通常会立即出现在它们影响的参数后面。

　　三种类型的普通开关可以用于许多不同的域并影响域的显示结果，分别是文本格式开关、数字格式开关和日期格式开关，这三种类型域开关使用的语法分别由"*""\#""\@"开头。常用的一些域及说明，如表 7-1 所示。

表 7-1　常用域类别表

域名	说明
Page	插入当前页码，经常用于页眉和页脚中创建页码
Section	插入当前节的编号
StyleRef	插入具有指定样式的文本
Index	基于 XE 域创建索引
TC	标记目录项
TOC	使用大纲级别（标题样式）或基于 TC 域创建目录
XE	标记索引项
Author	"摘要"信息中文档作者的姓名
FileName	当前文件的名称
FileSize	文件的存储大小
NumPages	文档的总页数，来自"统计"信息
NumWords	文档的总字数，来自"统计"信息

　　（2）索引

　　索引可以列出一篇文章中重要关键词或主题的所在位置（页码），以便快速检索查询。索引常见于一些书籍和大型文档中。在 Word 2019 中，索引的创建主要通过"引用"选项卡中的"索引"组来完成。

　　①标记索引项。此方法适用于添加少量索引项。单击"引用"选项卡→"索引"组中的"标记条目"按钮，打开"标记索引项"对话框，如图 7-2 所示。

　　（A）主索引项。选取文档中要作为索引项的文字，进入"标记索引项"对话框后，所选的文字会显示在"主索引项"框中，或把插入点移至要输入索引项目的位置，在"标记索引项"对话框中输入需索引的文字。

　　（B）次索引项。可在"次索引项"框中输入次索引项。若需要第 3 层项目，可在"次索引项"框中的次索引项后输入冒号，再输入第 3 层项目文字。

　　（C）选中"交叉引用"选项，并在其后的文本框中输入文本，就可以创建交叉引用。

（D）选中"当前页"选项，可以列出索引项的当前页码。

（E）选中"页码范围"选项，Word 2019 会显示一段页码范围。

单击"标记"按钮，便可完成某个索引项目的标记。单击"标记全部"按钮，则文档中每次出现此文字都会被标记。标记完成后，若需要标记第 2 个索引项，请不要关闭"标记索引项"对话框。在对话框外单击鼠标，进入页面编辑状态，查找并选择下一个需要标记的关键词，直至全部索引项标记完成。标记索引项后，Word 2019 会在标记的文字旁边插入一个｛XE｝域。

图 7-2　标记索引项

②自动索引。如果有大量的关键词需要创建索引，采用标记索引项来逐一完成标记是一项大工作量的操作。Word 2019 将所有索引存放在一张双列的表格中，再由自动索引导入，实现批量化索引项标记。这个含表格的 Word 文档被称为"索引自动标记文件"。

双列表格的第 1 列中输入要搜索并标记为索引项的文字。第 2 列中输入第 1 列文字的索引项。如果要创建次索引项，需要在主索引项后输入冒号，再输入次索引项。Word 搜索整篇文档以找到和索引文件第 1 列中的文本精确匹配的位置，并使用第 2 列中的文本作为索引项。索引自动标记文件格式如表 7-2 所示。

表 7-2　索引自动标记文件

标记为索引项的文字 1	主索引项 1：次索引项 1
标记为索引项的文字 2	主索引项 2：次索引项 2
……	……

③创建索引。手动或者自动标记索引项后，就可以创建索引。将光标定位在需要创建索引的位置，单击"引用"选项卡→"索引"组中的"插入索引"按钮，在打开的对话框中单击"确定"按钮，插入点后会插入一个｛INDEX｝域，即为索引，如图7-3所示。两行内容是相同的，上面一行是域代码的形式显示，下面一行是域的形式显示。

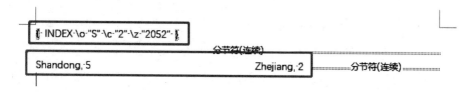

图7-3　创建索引

（3）书签

Word 2019中的书签是一个虚拟标记，是为了便于以后引用标识和命名的位置或文本。

①标记/显示书签。要插入书签，首先选中需要插入书签的文本或者将光标定位到需要插入书签的位置。单击"插入"选项卡→"链接"组中的"书签"按钮，将打开"书签"对话框，如图7-4所示。

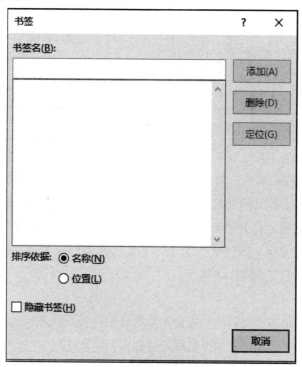

图7-4　"书签"对话框

在"书签名"文本框中输入书签名，单击"添加"按钮即可。注意：书签名必须以字母或者汉字开头，首字不能为数字，不能有空格，可以用下划线字符来分隔文字。要显示文中的书签，单击"开始"选项卡的"选项"按钮，然后选择"高级"，在显示文档内容中，选中"显示书签"，单击"确定"按钮，如图 7-5 所示。

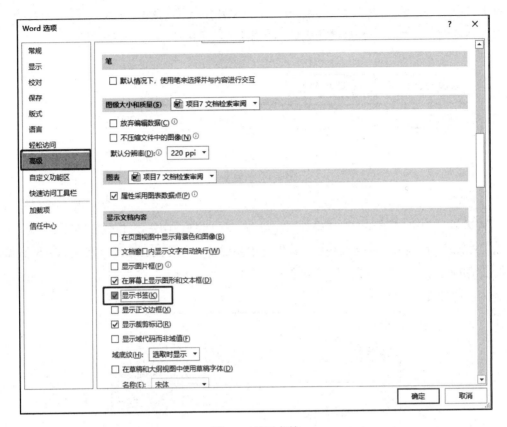

图 7-5　显示书签

②定位到书签。在"书签"对话框中，取消选取"隐藏书签"可显示全部书签，然后在列表中选中所需书签的名称，单击"定位"按钮，即可定位到文中书签的位置。

③引用书签。在需要引用书签的位置定位光标。单击"插入"选项卡→"链接"组中的"交叉引用"按钮，打开"交叉引用"对话框，将"引用类型"选为"书签"，"引用内容"选为"书签文字"或者其他选项，然后选择相应的书签，单击"插入"按钮可完成对书签的交叉引用，如图 7-6 所示。

（4）批注

批注是作者或审阅者为文档的一部分内容所做的注释，并不对文档本身进行修改。批注用于表达审阅者的意见或对文本提出质疑时非常有用。

①新建批注。在文档中选择需要进行批注的内容，单击"审阅"选项卡→"批注"组中的"新建批注"按钮，此时会在页面的右侧显示一个批注框。直接在批注框中输入批注内容，再单击批注框外的任何区域即可完成批注的新建，如图 7-7 所示。

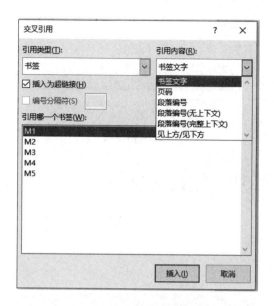

图 7-6 引用书签

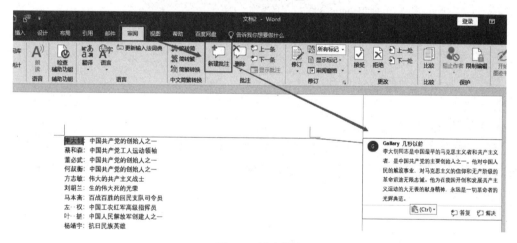

图 7-7 新建批注

②修改批注。如果需要对批注内容进行修改，只需要单击批注框进行修改，然后再单击批注框外的任何区域，即可完成批注的编辑。

③查看批注。

（A）指定审阅者。一篇文章可以有多人参与批注操作，文档默认状态是显示所有审阅者的批注。当指定审阅者操作后，文档中仅显示指定审阅者的批注，方便用户查看该审阅者的所有批注内容。具体操作如下：

单击"审阅"选项卡→"修订"组的"显示标记"按钮，单击"特定人员"，再选中指定的审阅者即可，此时文中显示的全部是选中的审阅者的批注。

（B）查看批注。Word 提供了自动逐条定位批注的功能，在查看批注时，可以单击

"审阅"选项卡→"批注"组的"上一条"和"下一条"按钮使用此功能对批注进行逐条查看。

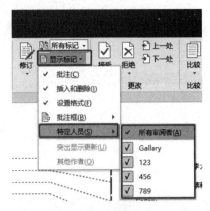

图 7-8　指定审阅者

图 7-9　查看批注

④删除批注。

（A）删除单个批注。右击需要删除的批注框，选择"删除批注"命令。也可单击需要删除的批注框，在"审阅"选项卡→"批注"组中，单击"删除"按钮删除当前批注，如图 7-10 所示。

图 7-10　删除批注

（B）删除所有批注。单击任意一个批注框，在"审阅"选项卡→"批注"组中，单击"删除"按钮，选择"删除文档中的所有批注"命令，将文档中的批注全部删除，如图 7-11 所示。

（C）删除指定审阅者的批注。先进行指定审阅者的操作，再单击所显示的任意一个批注，在"审阅"选项卡→"批注"组中，单击"删除"按钮，选择"删除所有显示的批注"命令，来实现删除指定审阅者的批注，如图 7-12 所示。

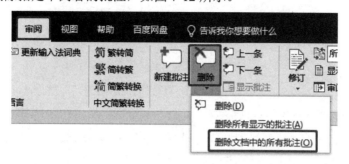

图 7-11　删除所有批注

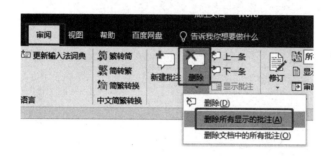

图 7-12　删除指定审阅者的批注

（5）修订

修订是用来标记对文档内容所做的编辑操作。用户可以根据需要接受或者拒绝每处的修订，只有接受修订，文档的编辑才能生效，否则文档将保留原内容。

①打开/关闭文档修订功能。在"审阅"选项卡→"修订"组中，单击"修订"按钮，如果"修订"按钮已加亮突出显示，则打开了文档的修订功能，否则文档的修订功能处于关闭状态，如图 7-13 所示。

图 7-13　修订打开与关闭状态

启用文档的修订功能后，作者或者审阅者的每一次插入、删除、修改或更改格式，都会被自动标记出来。用户可以对修订进行确认或者取消操作，防止误操作，提高文档的安全性和严谨性。

②查看修订。在"审阅"选项卡→"更改"组中，单击"上一条"或"下一条"命令，可以逐条显示修订标记。如果参与修订的是多位审阅者，可以先指定审阅者后进行查看，

如图 7-14 所示。

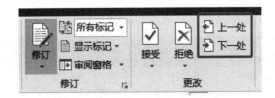

图 7-14　查看修订

在"审阅"选项卡→"修订"组中，单击"审阅窗格"按钮，选择"水平审阅窗格"或"垂直审阅窗格"，在"修订"窗格中可以查看所有的修订和批注，以及标记修订和插入批注的用户名与时间，如图 7-15 所示。

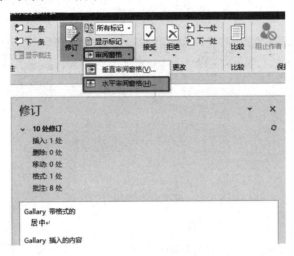

图 7-15　修订窗格

③审阅修订。在查看修订的过程中，作者可以接受或拒绝审阅者的修订。

（A）接受修订。单击"审阅"选项卡→"更改"组中的"接受"命令，可以在弹出的下拉菜单中根据需要选择相应的接受修订命令，接受修订后文档内容或者格式将会变成修订的内容或者格式，如图 7-16 所示。

图 7-16　接受修订

（B）拒绝修订。单击"审阅"选项卡→"更改"组中的"拒绝"命令，可以在弹出的下拉菜单中根据需要选择相应的拒绝修订命令，拒绝修订后不会改变原来的内容或者格式，如图 7-17 所示。

图 7-17　拒绝修订

④比较文档。如果没有设置追踪修订的保护文档功能，并且对文档进行了修改，此时可以通过比较文档，让 Word 以修订方式标记两个文档之间的不同，并根据需要对返回文档进行审阅修订后保存。

单击"审阅"选项卡→"比较"组中的"比较"按钮，在弹出的对话框中选择原文档和修订的文档，单击"确定"按钮后，Word 会自动对两个文档进行精确比较，并以修订方式显示两个文档的不同之处。默认情况下，精确比较结果显示在新建的文档中，被比较的文档本身不变，如图 7-18 所示。

图 7-18　比较文档

7.3 项目实现

（1）新建文档

在 D 盘新建"审阅"文件夹并打开。右击，选择"新建"→"Microsoft Word 文档"，将文档重命名为"文档检索审阅.docx"并打开，如图 7-19 所示。

单击"布局"选项卡→"分隔符"组中的"下一页"的分节符，重复操作 6 次，得到一个 7 页空白文档，如图 7-20 所示。

图 7-19　新建文档

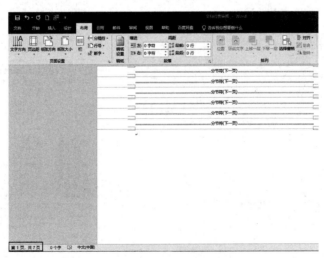

图 7-20　空白文档

（2）编辑文档内容

在第 1～6 页中输入相关内容，如图 7-21 所示。

图 7-21 录入文档内容

（3）插入域

①第 1 页中插入相关域：将光标定位到"1. 文档标题："之后，单击"插入"选项卡→"文档部件"组中的"域"按钮，在打开的对话框的"类别"中选"文档信息"，在"域名"中选"FileName"然后单击"确定"按钮，如图 7-22 所示。将光标定位到"2. 创建日期："之后，单击"插入"选项卡→"文档部件"组中的"域"按钮，在打开的对话框的"类别"中选"日期和时间"，在"域名"中选"CreateDate"，然后单击"确定"按钮，如图 7-23 所示。将光标定位到"3.文档大小："之后，单击"插入"选项卡→"文档部件"组中的"域"按钮，在打开的对话框的"类别"中选"文档信息"，在"域名"中选"FileSize"，然后单击"确定"按钮，如图 7-24 所示。

通过上面的操作，完成了第 1 页中 3 个域的插入，效果如图 7-25 所示。

②单击"插入"选项卡→"页脚"组中的"编辑页脚"按钮，再单击"开始"选项卡→"段落"组，选择"居中"对齐方式，输入文字"第 页 共 页"；将光标定位到"第"和"页"之间，单击"设计"选项卡→"文档部件"组中的"域"按钮，在打开的对话框

的"类别"中选"编号",在"域名"中选"Page","格式"选择"1,2,3,…",然后单击"确定"按钮,如图7-26所示,将光标定位到"共"和"页"之间,单击"设计"选项卡→"文档部件"组中的"域"按钮,在打开的对话框的"类别"中选"文档信息",在"域名"中选"NumPages","格式"选择"1,2,3,…",然后单击"确定"按钮,如图7-27所示。

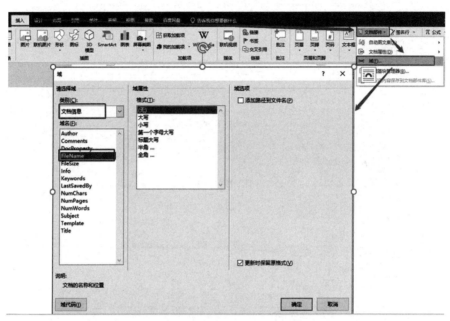

图 7-22   插入文件名称域

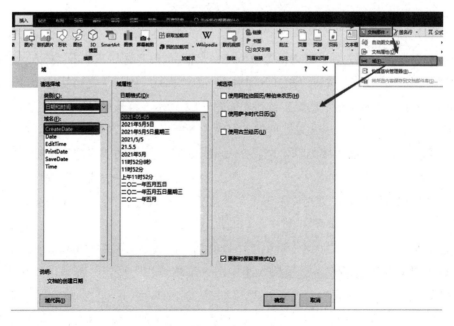

图 7-23   插入创建日期域

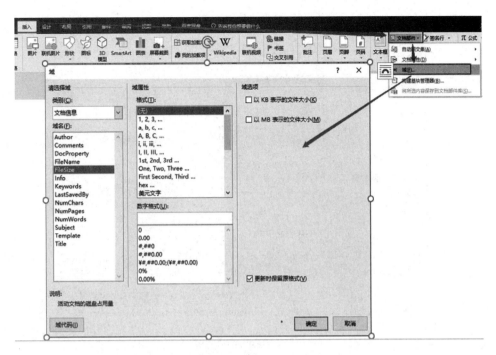

图 7-24　插入文档大小域

文档的相关信息

1. 文档标题：文档检索审阅
2. 创建日期：2021-05-05 11:18:00↵
3. 文档大小：15343

═══════════分节符(下一页)═══════════

图 7-25　第 1 页效果图

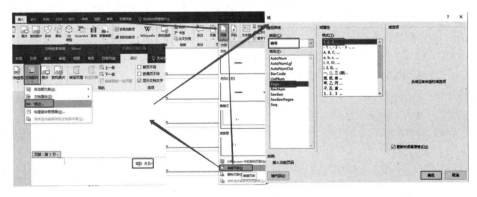

图 7-26　插入页码域

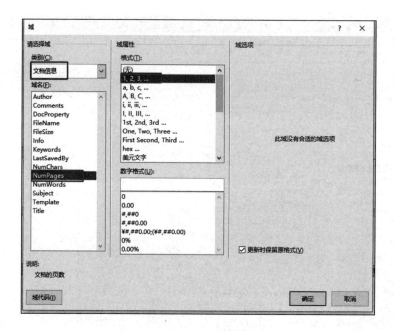

图 7-27 插入文档总页数域

（4）书签操作

①创建书签：选中第 6 页中的文字"中国共产党"，单击"插入"选项卡→"书签"按钮，在打开的对话框的"书签名"处输入"Mark"，然后单击"添加"按钮，单击"关闭"按钮，如图 7-28 所示。

②插入书签（引用书签）：将光标定位到第 3 行，单击"插入"选项卡→"交叉引用"按钮，在打开的对话框中"引用哪一个书签"中选择"Mark"书签，"引用类型"选择"书签"，"引用内容"选择"书签文字"，然后单击"插入"按钮，如图 7-29 所示。

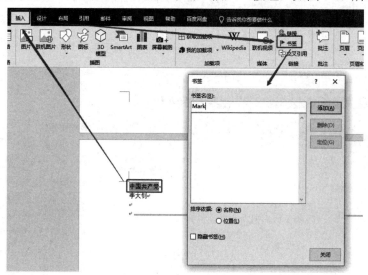

图 7-28 创建书签

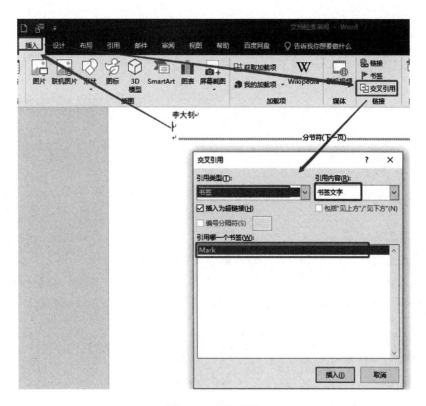

图 7-29　插入书签

（5）修订与批注

①添加修订：将光标定位到文字"李大钊"之后，单击"审阅"选项卡→"修订"按钮，输入文字内容"：是中国最早的马克思主义者和共产主义者，是中国共产党的主要创始人之一。"，然后关闭"修订"，如图 7-30 所示。

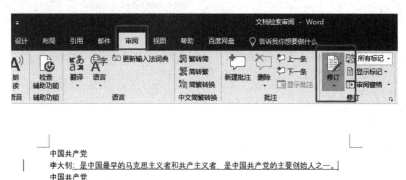

图 7-30　添加修订

（2）添加批注：在第 2 页中选中文字"宁波"，单击"审阅"选项卡→"新建批注"按钮，输入批注文字"美丽的海港城市"，如图 7-31 所示。

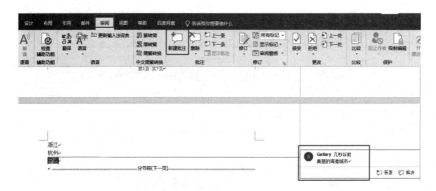

图 7-31　添加批注

（6）创建索引

①创建索引自动标记文件：在"D:\审阅"文件夹下新建 Word 文档，并命名为"我的索引.docx"，如图 7-32 所示；打开文档，单击"插入"选项卡→"表格"按钮，选择"2 行 2 列"，在表格中输入相应的文字内容，然后保存并关闭文档，如图 7-33 所示。

名称	修改日期	类型	大小
文档检索审阅.docx	2021-05-05 12:00	Microsoft Word ...	15 KB
我的索引.docx	2021-05-05 13:13	Microsoft Word ...	0 KB

图 7-32　新建文档

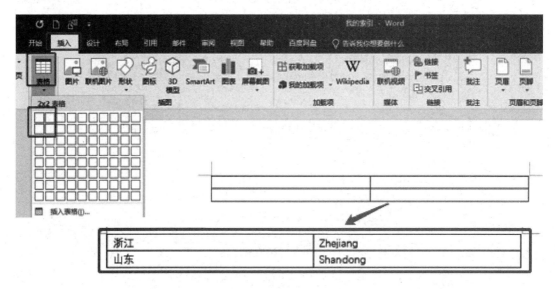

图 7-33　文档内容

②创建索引：在"文档检索审阅.docx"文档中将光标定位到文档的第 7 页，单击"引用"选项卡→"插入索引"按钮，在"索引"对话框中单击"自动标记…"按钮，在"打开索引自动标记文件"对话框中找到之前创建的"我的索引.docx"文档，单击"打开"按钮，如图 7-34 所示；此时第 2 页的"浙江"和第 5 页的"山东"分别标记了索引项，如图 7-35 所示；继续单击"插入索引"，在"索引"对话框中单击"确定"按钮，如图 7-36 所示；最终效果如图 7-37 所示。

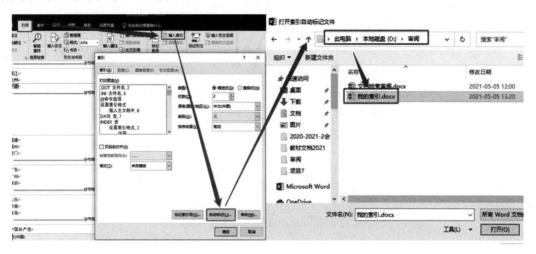

图 7-34　标记索引

浙江{ XE·"Zhejiang" }
杭州
宁波
································分节符(下一页)································

福建
福州
厦门
································分节符(下一页)································
广东
广州
深圳
································分节符(下一页)································
山东{ XE·"Shandong" }
济南
青岛
································分节符(下一页)································

图 7-35　标记索引项效果

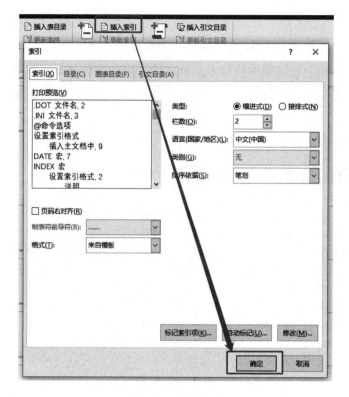

图 7-36　创建索引

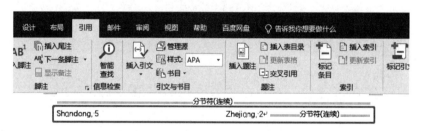

图 7-37　创建索引效果

7.4　项目总结

本项目主要介绍了域、索引、书签、批注、修订等相关基本知识与应用操作，并通过具体实例讲解了以上知识点的具体应用。希望能在具体的案例中进行实践与提高。

7.5　课后作业

（1）创建"城市.docx"文档，要求：

①由 9 页组成，其中：

第 1 页中第 1 行内容为"北京"，样式为"标题 1"。

第 2 页中第 1 行内容为"上海"，样式为"标题 1"。

第 3 页中第 1 行内容为"杭州"，样式为"标题 1"。

第 4 页中第 1 行内容为"杭州"，样式为"标题 1"。

第 5 页中第 1 行内容为"广州和深圳"，样式为"标题 1"。

第 6 页中第 1 行内容为"南京"，样式为"标题 1"。

第 7 页中第 1 行内容为"杭州"，样式为"标题 1"。

第 8 页中第 1 行内容为"南京"，样式为"标题 1"。

第 9 页空白。

②给"北京"添加批注"中国首都"，"上海"添加批注"东方明珠"。

③在第 5 页中添加修订，删除"和深圳"。

④在文档页脚处插入"第 X 页 共 Y 页"形式的页码，X，Y 是阿拉伯数字，使用域自动生成，居中显示。

⑤使用自动索引方式，建立索引自动标记文件"My City.docx"，其中标记为索引项的文字 1 为"杭州"，主索引项为"Hangzhou"；标记为索引项的文字 2 为"南京"，主索引项为"Nanjing"。使用自动标记文件，在文档"城市.docx"的第 9 页中创建索引。

项目 8　毕业论文——Word 综合排版

8.1　项目背景

小吴同学是某学校旅游专业的学生，目前小吴正在写毕业论文，初稿已完成，小吴需要根据学校相关要求使用 Word 2019 对论文进行格式的设置。

本案例中，小吴需要将最初无格式的论文（如图 8-1 所示）编辑成学校要求格式的论文（如图 8-2 所示）。小吴需要完成的主要工作包括：

（1）设置标题样式并应用。

（2）添加图和表的题注。

（3）使用交叉引用。

（4）添加脚注和尾注。

（5）StyleRef 域的应用；

（6）目录和图表目录的添加。

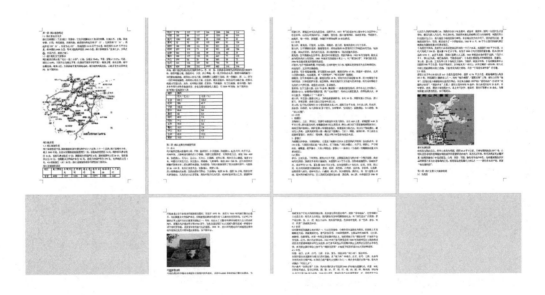

图 8-1　编辑前的初稿

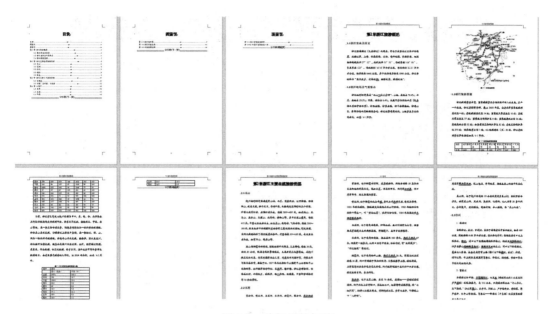

图 8-2　编辑后的初稿

8.2　项目分析

（1）标题样式

Word 2019 中有 9 种常用的标题样式，分别是标题 1～标题 9。在对标题样式的使用过程中，可以根据自己的需要对标题样式进行修改。比如要实现"对章节的编号使用'标题 1'样式，格式修改为第 X 章（例如第 1 章），其中 X 为自动排序，阿拉伯数字序号，对应'级别 1'，居中显示；小节名使用'标题 2'样式，自动编号格式为 X.Y，X 为章数字序号，Y 为节数字序号（例如 2.1），X,Y 均为阿拉伯数字序号，对应'级别 2'，左对齐显示"。

单击"开始"选项卡→"段落"组中的"多级列表"按钮，选择"定义新的多级列表"命令，如图 8-3 所示；在打开的"定义新多级列表"对话框中单击"更多"按钮，如图 8-4 所示；在"单击要修改的级别"处选择"1"，在"输入编号的格式"处的"1"前后分别输入"第"和"章"，单击"设置所有级别"按钮，并在弹出的对话框中全部输入"0 厘米"，然后单击"确定"按钮，在"将级别链接到样式"处选择"标题 1"，在"编号之后"处选择"不特别标注"，如图 8-5 所示；在"单击要修改的级别"处选择"2"，在"将级别链接到样式"处选择"标题 2"，在"编号之后"处选择"不特别标注"，然后单击"确定"按钮，如图 8-6 所示；单击"开始"选项卡→"样式"组右下角的展开样式按钮，如图 8-7 所示；单击"标题 1"右侧的下拉箭头，选择"修改"命令，在打开的"修改样式"对话框中选择对齐方式"居中"，单击"确定"按钮，如图 8-8 所示。以同样的方法设置"标题 2"的对齐方式为"左对齐"。标题样式修改完成后，就可以对文章中的相关内容进行应用相应的样式。

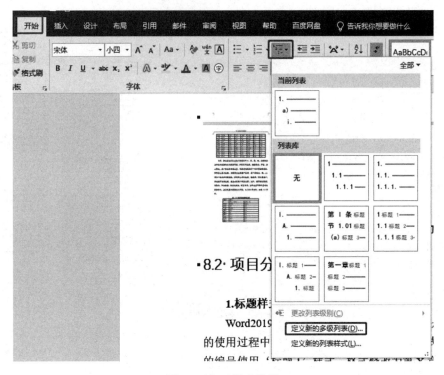

图 8-3　打开样式编辑

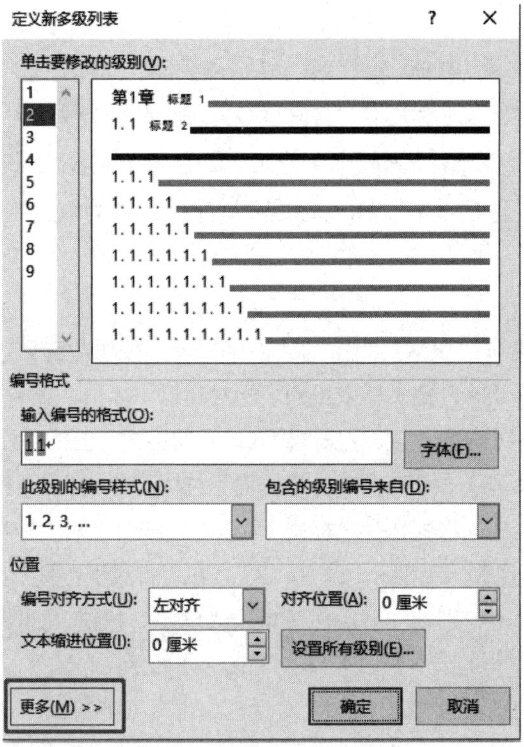

图 8-4　定义新的多级列表

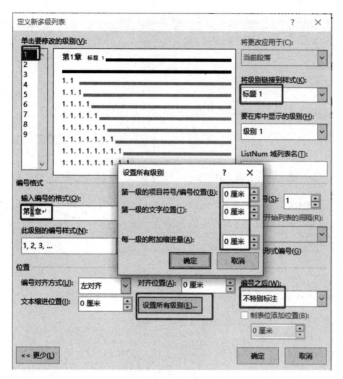

图 8-5　修改级别 1

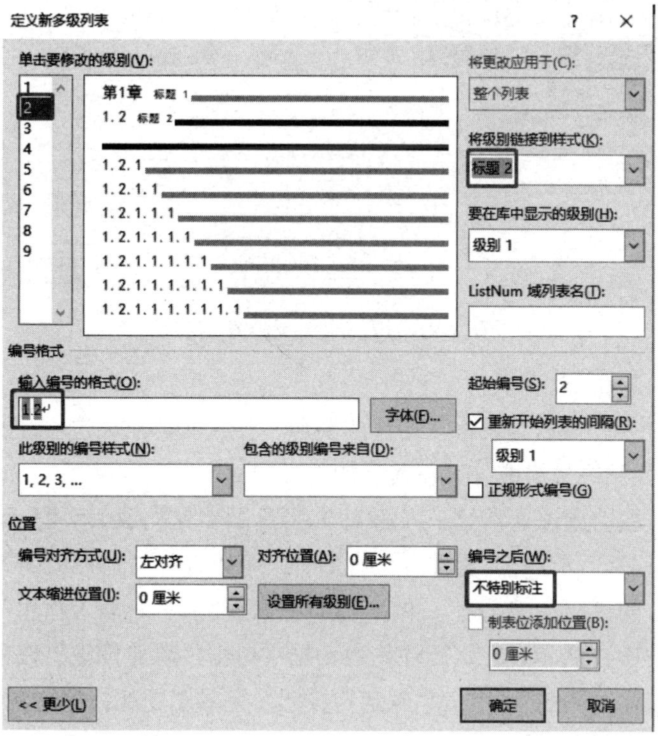

图 8-6　修改级别 2

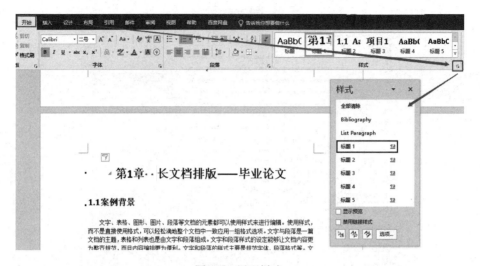

图 8-7　展开样式

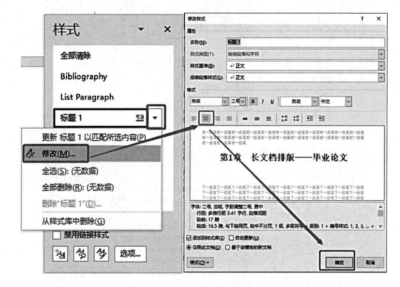

图 8-8　设置标题 1 为居中对齐

（2）图和表的题注

在 Word 2019 中，可以为表格、图片或图形、公式及其他选定项目加上自动编号的题注。"题注"由标签及编号组成，可在其后加入说明文字。

①图的题注。图的题注通常位于图的下方，题注标签常使用"图"编号，可以根据需要选择包含或者不包含章节号。操作方法有多种，可以选择自己习惯的方法来使用。如将光标定位到图下方的说明文字之前，单击"引用"选项卡→"插入题注"按钮，弹出"题注"对话框，如图 8-9 所示。在"题注"对话框中单击"新建标签"按钮，在弹出的"新建标签"对话框中输入"图"，单击"确定"按钮，完成图题注标签的新建，如图 8-10 所示。单击"编号"按钮来设置题注的编号，然后单击"确定"按钮，完成图题注的插入，如图 8-11 所示。

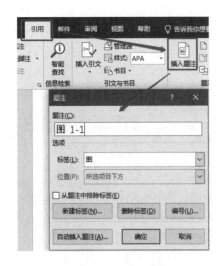

图 8-9 插入图题注

图 8-10 新建标签

图 8-11 图题注效果

②表的题注。表的题注通常位于表的上方，题注标签常使用"表"编号，可以根据需要选择包含或者不包含章节号。操作方法有多种，可以选择自己习惯的方法来使用。如将光标定位到表上方的说明文字之前，单击"引用"选项卡→"插入题注"按钮，弹出"题注"对话框，如图 8-12 所示；在"题注"对话框中单击"新建标签"按钮，在弹出的"新建标签"对话框中输入"表"，单击"确定"按钮，完成图题注标签的新建，如图 8-13 所示。单击"编号"按钮来设置题注的编号，单击"确定"按钮，完成表题注的插入，表题注效果如图 8-14 所示。

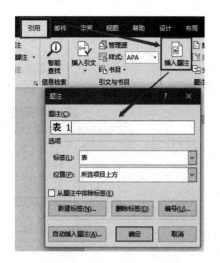

图 8-12　插入表题注

图 8-13　新建标签

表·1·2020 年中国十强城市排行榜

排名	城市
1	北京市
2	上海市
3	广州市
4	深圳市
5	杭州市
6	苏州市
7	武汉市
8	南京市
9	重庆市
10	成都市

图 8-14　表题注效果

（3）交叉引用

Word 2019 中交叉引用主要用于引用文档中其他位置显示的项目。例如，可以在文档中交叉引用图或者表的题注，并引用该图在文档中的其他位置。默认情况下，Word 2019将交叉引用作为超链接插入，所以按住 Ctrl 键并单击该超链接即可直接转到交叉引用的项。Word 2019 中可以为标题、脚注、书签、字幕和编号段落之类项目创建交叉引用。如果添加或删除会导致相关内容发生改变，此时可以选择更新交叉引用。

对文中出现"如下图所示"中的"下图"两字使用交叉引用，改为"图 X"，其中"X"为图题注编号。

对文中出现"如下表所示"中的"下表"两字使用交叉引用，改为"表 Y"，其中"Y"为表题注编号。

在文中选中"下图"字样，单击"插入"选项卡→"交叉引用"按钮，在打开的对话框的"引用类型"处选择"图"，在"引用哪一个题注"处选择需要引用的题注，在"引用内容"处选择"仅标签和编号"，单击"插入"按钮，如图 8-15 所示。插入交叉引用后的效果如图 8-16 所示。

在文中选中"下表"字样，单击"插入"选项卡→"交叉引用"按钮，在打开的对话框的"引用类型"处选择"表"，在"引用哪一个题注"处选择需要引用的题注，在"引用内容"处选择"仅标签和编号"，单击"插入"按钮，如图 8-17 所示。插入交叉引用后的效果如图 8-18 所示。

图 8-15　图题注交叉引用

图·1 中华民族伟大复兴的行动指南

图 8-16　图题注交叉引用效果

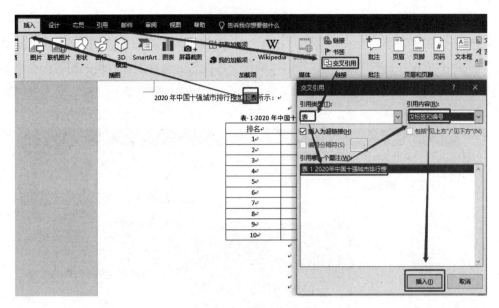

图 8-17　表题注交叉引用

2020 年中国十强城市排行榜如表-1 所示：

排名	城市
1	北京市
2	上海市
3	广州市
4	深圳市
5	杭州市
6	苏州市
7	武汉市
8	南京市
9	重庆市
10	成都市

表·1·2020 年中国十强城市排行榜

图 8-18　表题注交叉引用效果

（4）脚注和尾注

脚注和尾注是对文本的补充说明。脚注一般位于页面的底部，可以作为文档某处内容的注释；尾注一般位于每节或文档的末尾，列出引文的出处等。

脚注和尾注由两个关联的部分组成，包括注释引用标记和其对应的注释文本。可以设置自动为标记编号或创建自定义的标记。在添加、删除或移动自动编号的注释时，将对注释引用标记重新编号。

①插入脚注和尾注。在需要插入脚注和尾注处定位光标，或者选中需要插入脚注和尾注的文字或对象，单击"引用"选项卡→"脚注"组中右下角的▦按钮，打开"脚注和尾注"对话框，如图 8-19 所示。在对话框中单击"脚注"或者"尾注"，选择相应的位置

及编号格式，单击"插入"按钮，然后输入相应的注释内容，即可完成脚注和尾注的插入工作。

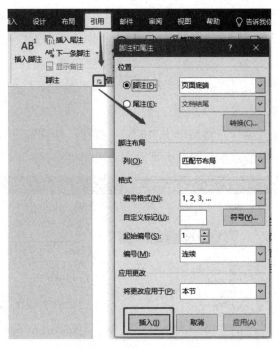

图 8-19　插入脚注和尾注

②编辑脚注和尾注。移动、复制或者删除脚注或尾注，是对注释标记的操作，而不是对注释窗口中的文字的操作。

移动脚注或尾注：选中脚注或尾注的注释标记，然后按住鼠标左键将注释标记拖动到新位置。

删除脚注或尾注：选中脚注或尾注的注释标记，按 Delete 键删除。也可使用替换功能，将注释标记替换为空格，以删除全文的脚注或尾注。

复制脚注或尾注：选中脚注或尾注的注释标记，使用"复制"命令，再到需要放置脚注或尾注位置使用"粘帖"命令；也可以按住 Ctrl 键将注释标记拖动到适当的位置。

编辑脚注和尾注：进入草稿视图，单击"引用"选项卡→"脚注"组中的"显示备注"按钮，进行脚注和尾注编辑。

（5）StyleRef 域及应用

StyleRef 域，是 Word 2019 中域的一种，属于链接和引用类。StyleRef 域在 Word 2019 中主要应用于页眉的自动生成，利用它可以实现自动从正文中提取标题文字来作为页眉。例如，本案例中要将文章正文部分奇数页的页眉设置成"'章序号'＋'章名'"的格式；偶数页页眉设置成"'节序号'＋'节名'"的格式。此案例中就是用 StyleRef 域提取指定样式的文字，由于文中章和节的序号都是自动编号的，所以要使用两个 StyleRef 域来实现，一个提取样式的段落编号，另外一个提取该样式的文字。

将光标定位于正文中奇数页位置，单击"插入"选项卡→"页眉和页脚"组中的"页眉"按钮，单击"编辑页眉"；在"页眉和页脚工具"选项卡的"选项"组中选择"奇偶页不同"，在"导航"组中取消"链接到前一条页眉"；单击"插入"选项卡中的"文档部件"按钮，选择"域"，弹出"域"对话框，在"类别"处选择"链接和引用"，在"域名"处选择"StyleRef"，在"样式名"处选择"标题 1"，在"域选项"处勾选"插入段落编号"，然后单击"确定"按钮，如图 8-20 所示。按照类似的步骤完成第二次操作，第二次操作时在"域选项"处不做任何操作，然后单击"确定"按钮，即完成奇数页页眉的添加。用相同的方法完成偶数页页眉的添加，偶数页页眉需要选择"标题 2"。

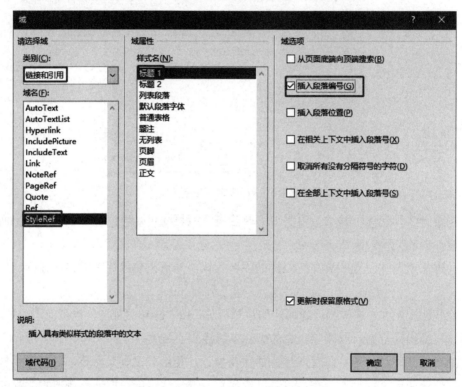

图 8-20　使用 StyleRef 域

（6）目录和图表目录

①目录：目录通常指文档中各级标题及页码的列表，常放在文章之前。Word 2019 中设有文档目录、图目录、表格目录等多种目录类型，可以手动或自动创建目录。鉴于手动创建目录没有太大的实用性，因此大多数情况下都使用自动创建目录。在创建目录之前，需要先对文章内容进行标题样式的设置。

在需要插入目录位置定位光标，单击"引用"选项卡→"目录"组中的"自定义目录"命令，在打开的"目录"对话框中单击"确定"按钮，如图 8-21 所示。这样即完成目录的创建，效果如图 8-22 所示。

②图表目录：图表目录的创建会给用户带来很大的方便。它的创建主要依据文中为图或表添加的题注。

在需要插入图表目录的位置定位光标，单击"引用"选项卡→"题注"组中的"插入表目录"命令，在打开的"图表目录"对话框中的"题注标签"处选择"图"或"表"，单击"确定"按钮，如图 8-23 所示。这样即完成图表目录的创建，效果如图 8-24 所示。

图 8-21　插入目录

目录

图 8-22　目录

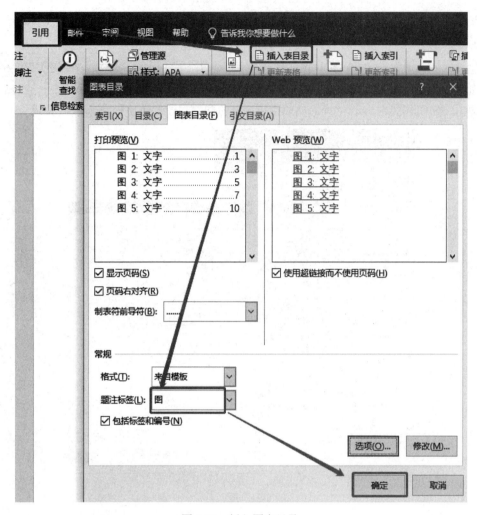

图 8-23　插入图表目录

图索引

....分节符(下一页)..

表索引

....分节符(奇数页)..

图 8-24　图表目录

8.3 项目实现

（1）设置标题样式并应用

将光标定位到"第 1 章 浙江旅游概述"这一行中的任意位置，单击"开始"选项卡→"段落"组中的"多级列表"按钮，选择"定义新的多级列表"命令，如图 8-25 所示；在打开的"定义新多级列表"对话框中单击"更多"按钮，如图 8-26 所示；在"单击要修改的级别"处选择"1"，在"输入编号的格式"处的"1"前后分别输入"第"和"章"；单击"设置所有级别"按钮，并在弹出的对话框内全部输入"0 厘米"，单击"确定"按钮；在"将级别链接到样式"处选择"标题 1"，在"编号之后"处选择"不特别标注"，如图 8-27 所示；在"单击要修改的级别"处选择"2"，在"将级别链接到样式"处选择"标题 2"，在"编号之后"处选择"不特别标注"，单击"确定"按钮，如图 8-28 所示；单击"开始"选项卡→"样式"组右下角的展开样式按钮，如图 8-29 所示；单击"标题 1"右侧的下拉箭头，选择"修改"命令，在打开的"修改样式"对话框中选择对齐方式"居中"，单击"确定"按钮，如图 8-30 所示。以同样的方法设置"标题 2"的对齐方式为"左对齐"，如图 8-31 所示；在"样式"窗格中单击"选项"按钮，在打开的"样式窗格选项"对话框中的"在使用了上一级别时显示下一标题"前面的□内打"√"，单击"确定"按钮，如图 8-32 所示。然后将"标题 1"样式分别应用到文内的章序号中，将"标题 2"样式分别应用到文内的节序号中。

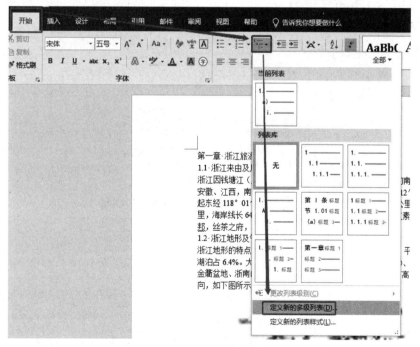

图 8-25　打开样式编辑

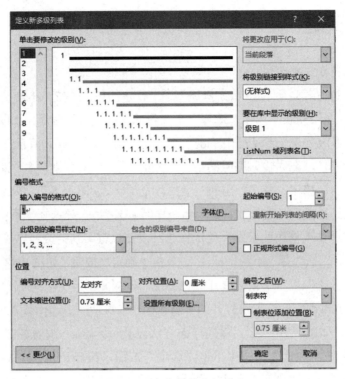

图 8-26　定义新的多级列表

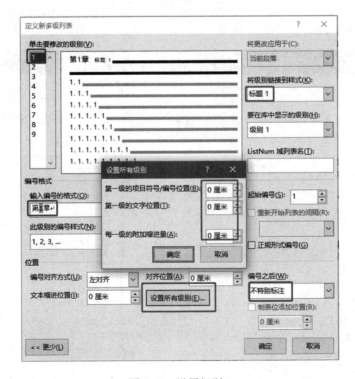

图 8-27　设置级别 1

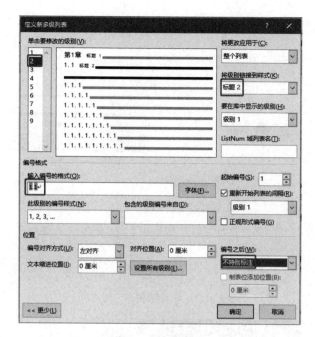

图 8-28 设置级别 2

图 8-29 打开"样式"窗格

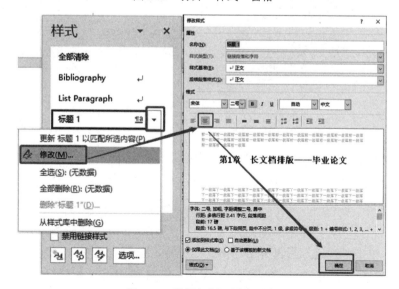

图 8-30 设置标题 1 居中对齐

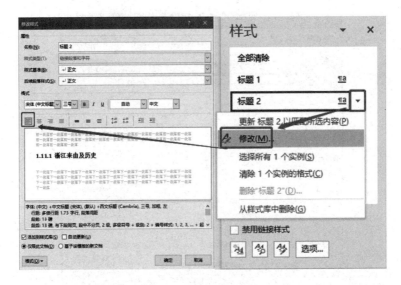

图 8-31　设置标题 2 左对齐

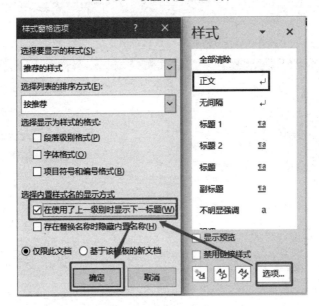

图 8-32　设置样式显示

（2）新建"样式 123"样式并应用

将光标定位到文中的正文部分，单击"开始"选项卡→"样式"组中右下角的下拉按钮，选择左下角的"⬚"图标，在打开的对话框的"名称"处设为"样式 123"，如图 8-33所示；单击"格式"按钮后，选择"字体"。在打开的对话框的"中文字体"处选择"楷体"，"西文字体"选择"Times New Roman"，"字形"选择"常规"，"字号"选择"小四"，如图 8-34 所示；单击"确定"后再单击"格式"按钮，选择"段落"，在打开的对话框中设置"两端对齐，首行缩进，2 字符，段前 0.5 行，段后 0.5 行，1.5 倍行距"，如图 8-35 所示；单击"确定"按钮，再单击"确定"按钮，然后将"样式 123"应用到文章中无编号的文字，如图 8-36 所示。应用样式可以通过使用"格式刷"或使用鼠标选择应用，也可以应用一次后使用 F4 快捷键进行重复上一步操作来实现，大家可以选择自己习惯的方法来操作。

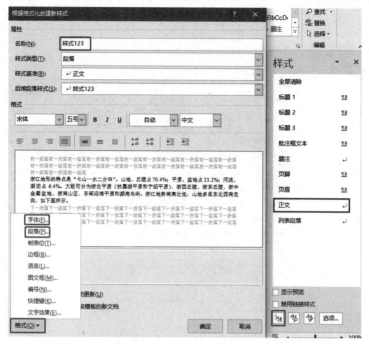

图 8-33　新建"样式 123"样式

图 8-34　设置字体格式

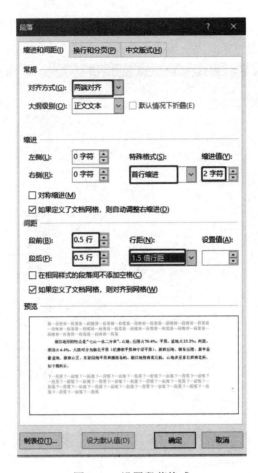

图 8-35 设置段落格式

第1章 浙江旅游概述

1.1 浙江来由及历史

浙江因钱塘江（又名浙江）而得名。它位于我国长
苏、上海，西连安徽、江西，南邻福建、东濒东海。地理
北到北纬 31°31′，西起东经 118°01′，东至东经 1
平方公里，海区面积 22.27 万平方公里，海岸线长 648
长 1840 公里。浙江素被称为"鱼米之乡，文物之邦，

1.2 浙江地形及气候特点

浙江地形的特点是"七山一水二分田"。山地、丘陵
23.2%；河流、湖泊占 6.4%。大致可分为浙北平原（杭

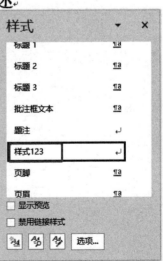

图 8-36 应用"样式 123"样式

（3）对文中图和表添加题注并进行交叉引用

①添加图题注：在文档中从前往后找图片，选中图片，单击"开始"选项卡→"段落"组中的 ▤ 按钮；将光标定位到图下方的文字"浙江地形图"之前，单击"引用"选项卡→"插入题注"按钮，在弹出的"题注"对话框中单击"新建标签"按钮，在弹出的"新建标签"对话框中输入"图"，确定后完成图题注标签的新建；单击"编号"按钮来设置题注的编号，在打开的对话框中选择"包含章节号"，确定后完成图题注的插入，如图 8-37 所示。在"开始"选项卡中单击 ▤ 按钮将题注居中。使用相同的方法将文章中所有的图都添加题注，在添加过程中要注意顺序，从前往后。

②添加表题注：在文档中从前往后找表格，选中表格，单击"开始"选项卡→"段落"组中的 ▤ 按钮，如图 8-38 所示；将光标定位到表格上方的文字"浙江省旅游资源表"之前，单击"引用"选项卡→"插入题注"按钮，在弹出的"题注"对话框中单击"新建标签"按钮，在弹出的"新建标签"对话框中输入"表"，确定后完成图题注标签的新建；单击"编号"按钮来设置题注的编号，在打开的对话框中选择"包含章节号"，确定后完成表题注的插入，如图 8-39所示。在"开始"选项卡中单击 ▤ 按钮将题注居中。使用相同的方法将文章中所有的表格都添加题注，在添加过程中需要注意顺序，从前往后。

③图题注交叉引用：在文中图上方选中"下图"字样，单击"插入"选项卡的"交叉引用"按钮，在打开的对话框的"引用类型"处选"图"，在"引用哪一个题注"处选需要引用的题注，在"引用内容"处选"仅标签和编号"，单击"插入"按钮，如图 8-40 所示。

④表题注交叉引用：在文中选中"下表"字样，单击"插入"选项卡中的"交叉引用"按钮，在打开的对话框的"引用类型"处选"表"，在"引用哪一个题注"处选需要引用的题注，在"引用内容"处选"仅标签和编号"，单击"插入"按钮，如图 8-41 所示。插入交叉引用后的效果如图 8-42 所示。

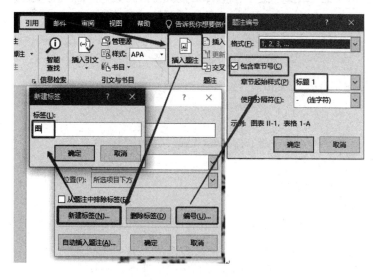

图 8-37　插入图题注

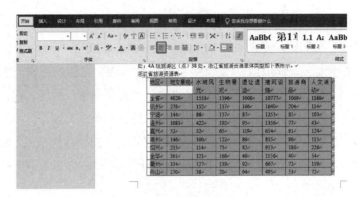

图 8-38　表格居中

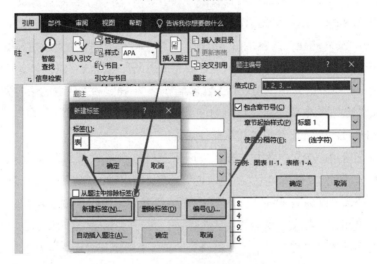

图 8-39　插入表题注

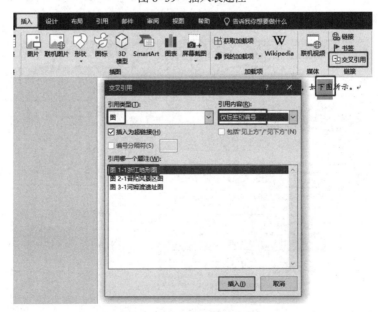

图 8-40　图题注交叉引用

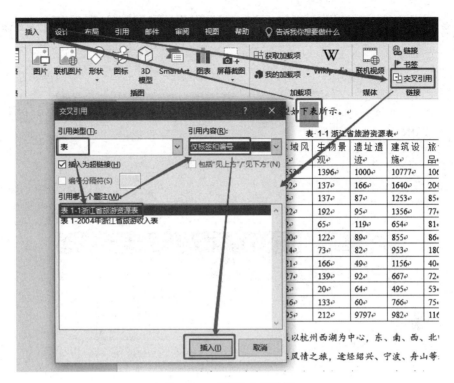

图 8- 41　表题注交叉引用

浙江省旅游资源单体类型如表 1-1 所示。

表 1-1 浙江省旅游资源表

地区	地文景观	水域风光	生物景观	遗址遗迹	建筑设施	旅游商品	人文活动
全省	4029	1553	1396	1000	10777	1069	1160
杭州	278	152	137	166	1640	204	114
宁波	144	86	137	87	1253	85	103
温州	1081	422	192	95	1356	77	43
嘉兴	52	52	65	119	654	81	124
湖州	146	100	122	89	855	86	115
绍兴	233	114	73	82	953	180	226
金华	361	121	166	49	1156	40	54
衢州	334	127	139	92	667	72	119
舟山	270	38	20	64	495	53	72
台州	501	146	133	60	766	75	85
丽水	629	195	212	9797	982	116	106

图 8- 42　表题注交叉引用效果

（4）插入脚注

单击"开始"选项卡的"查找"按钮，在"导航"窗格中输入"西湖龙井"，如图 8-43 所示；单击"引用"选项卡的"插入脚注"按钮，输入"西湖龙井茶加工方法独特，有十大手法。"，这样脚注就添加完成了，如图 8-44 所示。

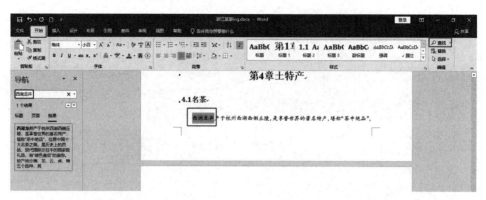

图 8-43　查找"西湖龙井"

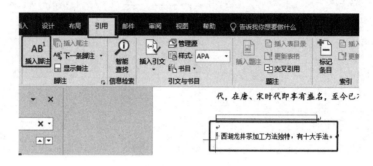

图 8-44　添加脚注

（5）正文前插入目录、图索引、表索引

①正文前插入 3 节：在"第 1 章"上面单击，单击"布局"选项卡→"分隔符"按钮，选择"下一页"命令，如图 8-45 所示，重复操作一次；单击"布局"选项卡→"分隔符"按钮，选择"奇数页"命令，如图 8-46 所示；完成正文前 3 节的插入，效果如图 8-47 所示。

②输入标题：在第一节中输入"目录"，第二节中输入"图索引"，第三节中输入"表索引"，如图 8-48 所示；单击"目录"前面的"第 1 章"，按键盘上的 Delete 键将其删除，用同样的方法删除"图索引"前的"第 2 章"和"表索引"前的"第 3 章"，效果如图 8-49 所示。

③插入目录项：将光标定位到"目录"之后，单击"引用"选项卡→"目录"按钮，选择"自定义目录"命令，在打开的"目录"对话框中单击"确定"按钮，如图 8-50 所示，插入目录项后的效果如图 8-51 所示。

④插入图索引项：将光标定位到"图索引"之后，单击"引用"选项卡→"插入表目录"按钮，弹出"图表目录"对话框。在"题注标签"处选择"图"，单击"确定"按钮，如图 8-52 所示，插入的图索引项效果如图 8-53 所示。

⑤插入表索引项：将光标定位到"表索引"之后，单击"引用"选项卡→"插入表目录"按钮，弹出"图表目录"对话框。在"题注标签"处选择"表"，单击"确定"按钮，如图 8-54 所示，插入的表索引项效果如图 8-55 所示。

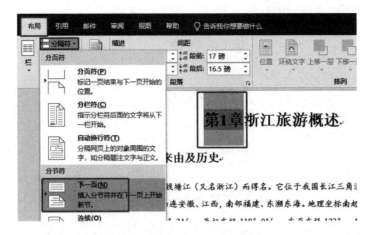

图 8-45 插入"下一页"分节符

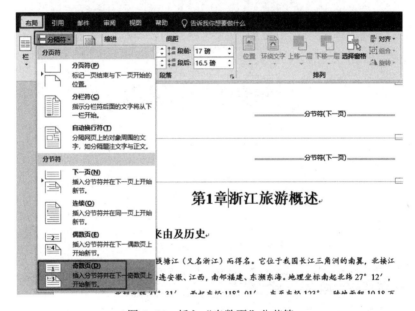

图 8-46 插入"奇数页"分节符

图 8-47 正文前插入 3 节

第1章目录 ....分节符(下一页)........

第2章图索引 ....分节符(下一页)........

第3章表索引 ....分节符(奇数页)........

▲ 第1章浙江旅游概述

图 8-48　输入标题

目录 ....分节符(下一页)........

图索引 ....分节符(下一页)........

表索引 ....分节符(奇数页)........

第1章浙江旅游概述

图 8-49　对前面三节修改标题

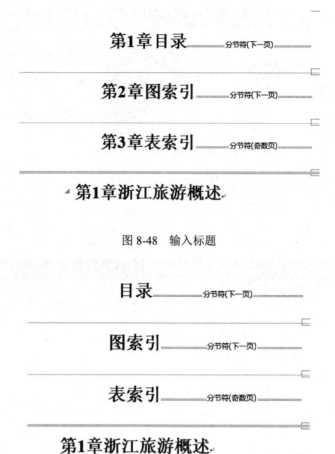

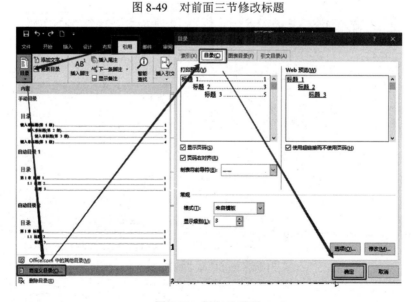

图 8-50　插入目录项

目录

分节符(下一页)

图 8-51　目录效果

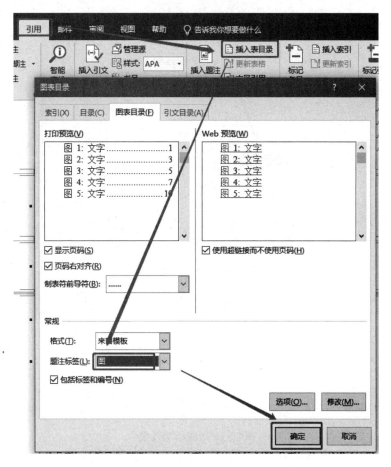

图 8-52　插入图索引项

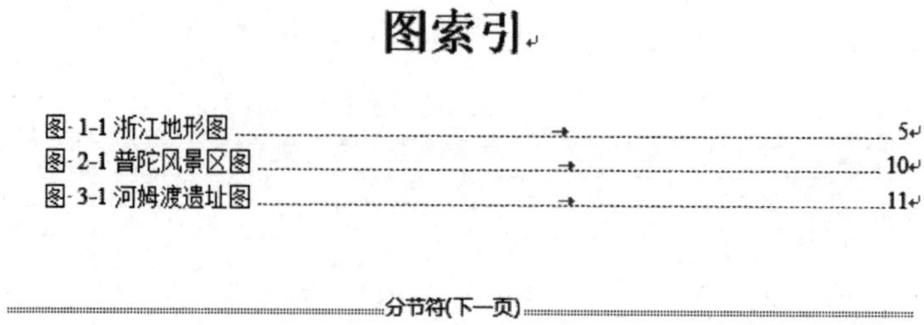

图索引

————————分节符(下一页)————————

图 8-53　图索引项效果

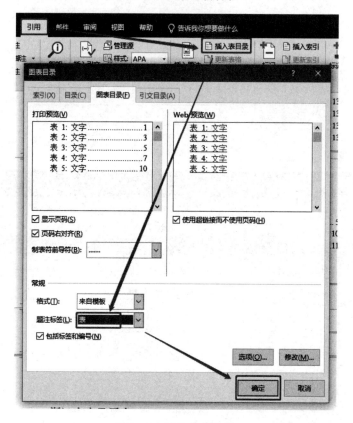

图 8-54　插入表索引项

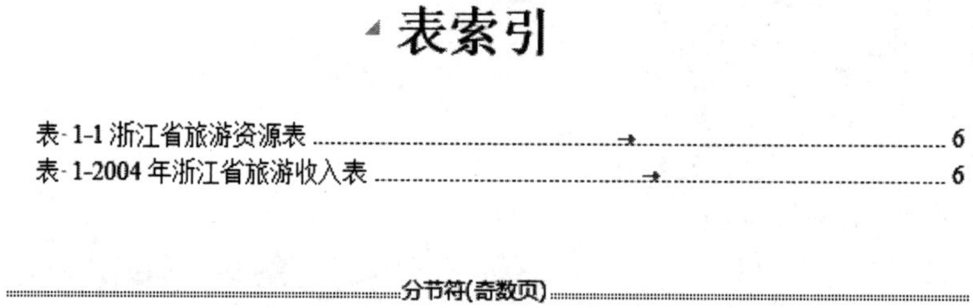

◢ 表索引

————————分节符(奇数页)————————

图 8-55　表索引项效果

（6）编辑页脚

①设置奇偶页不同：单击"布局"选项卡→"页面设置"右下角的对话框启动器，弹

出"页面设置"对话框，在"版式"选项卡中选择"奇偶页不同"，在"应用于"处选择"整篇文档"，单击"确定"按钮，如图 8-56 所示。

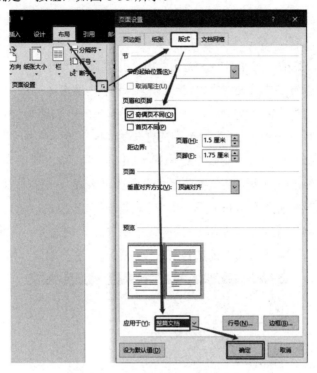

图 8-56 设置奇偶页不同

②对正文进行分节：在"第 2 章"上面单击，再单击"布局"选项卡→"分隔符"按钮，选择"奇数页"，如图 8-57 所示。用同样的方法完成文章其他几章的分节操作。

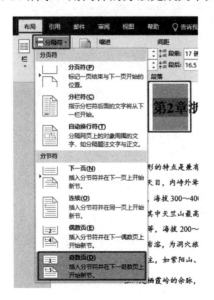

图 8-57 每章分节

③前 3 节页码插入与设置：将光标定位到"目录"处，单击"插入"选项卡→"页脚"按钮，选择"编辑页脚"命令，单击"开始"选项卡→"≡"图标，再单击"设计"选项卡→"文档部件"组中的"域"命令，在打开的"域"对话框中的"类别"处选择"编号"，"域名"处选择"Page"，"格式"处选择"i,ii,iii,…"，单击"确定"按钮，如图 8-58 所示；在页脚处选择"i"，右击，在弹出的快捷菜单中选择"设置页码格式"，在打开的"页码格式"对话框中的"编号格式"处选择"i,ii,iii,…"，单击"确定"按钮，如图 8-59 所示；将光标定位到"图索引"页的页脚处，单击"开始"选项卡→"≡"图标，再单击"设计"选项卡→"文档部件"组中的"域"命令，在打开的"域"对话框中的"类别"处选择"编号"，"域名"处选择"Page"，"格式"处选择"i,ii,iii,…"，单击"确定"按钮；在页脚处选择"ii"，右击，在弹出的快捷菜单中选择"设置页码格式"，在打开的"页码格式"对话框中的"编号格式"处选择"i,ii,iii,…"，单击"确定"按钮，如图 8-60 所示；在"表索引"页的页脚处选择"iii"，右击，在弹出的快捷菜单中选择"设置页码格式"，在打开的"页码格式"对话框中的"编号格式"处选择"i,ii,iii,…"，单击"确定"按钮。

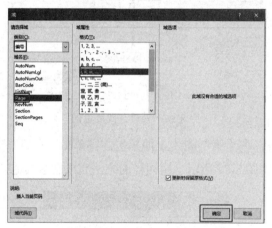

图 8-58　插入页码域

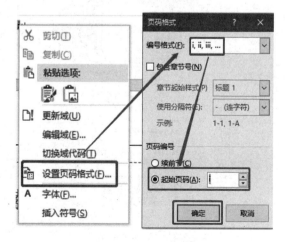

图 8-59　设置首页页码格式

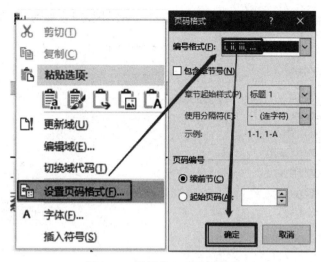

图 8-60　设置第 2 页页码格式

④正文页码插入与设置：将光标定位到"第 1 章"页脚处，单击"设计"选项卡→"链接到前一条页眉"按钮，使其处于非激活状态，如图 8-61 所示；选中"v"并右击，在弹出的快捷菜单中选择"编辑域"，在打开的"域"对话框中的"类别"处选择"编号"，"域名"处选择"Page"，"格式"处选择"1,2,3,…"，单击"确定"按钮，如图 8-62 所示；在页脚处选择"5"，右击，在弹出的快捷菜单中选择"设置页码格式"，在打开的"页码格式"对话框中的"编号格式"处选择"1,2,3,…"，在"页码编号"处选择"起始页码"，单击"确定"按钮，如图 8-63 所示；将光标定位到正文第 2 页的页脚处，单击"链接到前一条页眉"按钮使其处于非激活状态，如图 8-64 所示；选中"ii"并右击，在弹出的快捷菜单中选择"编辑域"，在打开的"域"对话框中的"格式"处选择"1,2,3,…"，单击"确定"按钮，如图 8-65 所示。

⑤更新目录、图索引、表索引的页码：在目录项上面右击，在弹出的快捷菜单中选择"更新域"，在打开的对话框中选"只更新页码"，单击"确定"按钮，如图 8-66 所示；用同样的方法更新"图索引"和"表索引"的页码。

图 8-61　断开链接

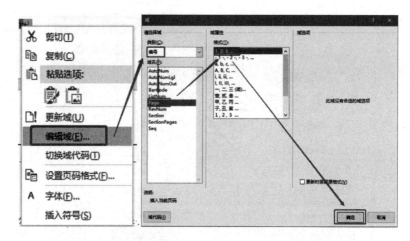

图 8-62　编辑页码域

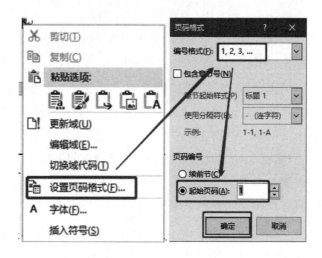

图 8-63　设置正文页码格式

表·1-2004 年浙江省旅游收入表

城市	国内	
	收入（亿元）	比率（%）
全省	695.3	100.0
杭州	290	41.7

图 8-64　断开链接

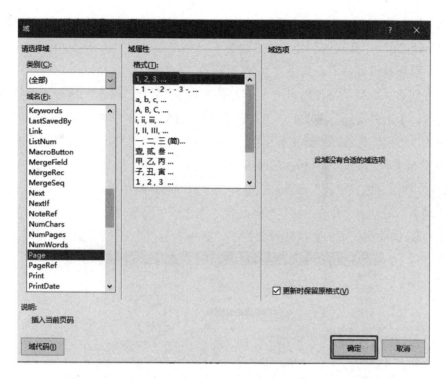

图 8-65　编辑页码域

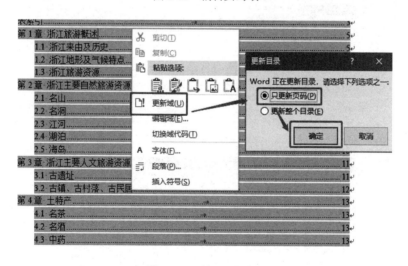

图 8-66　更新目录页码

（7）设置页眉

①设置奇数页页眉：将光标定位在正文第一页中，单击"插入"选项卡→"页眉"组中的"编辑页眉"按钮，单击"链接到前一条页眉"来断开链接；单击"设计"选项卡→"文档部件"按钮，选择"域"命令，在打开的"域"对话框中的"类别"处选择"链接和引用"，"域名"处选择"StyleRef"，"样式名"处选择"标题 1"，"域选项"处勾选"插入段落编号"，单击"确定"按钮，如图 8-67 所示；单击"设计"选项卡→"文档部件"按

钮，选择"域"命令，在打开的"域"对话框中的"类别"处选择"链接和引用"，"域名"处选择"StyleRef"，"样式名"处选择"标题 1"，单击"确定"按钮，如图 8-68 所示。这样奇数页的页眉就设置好了，其格式为"'章序号'+'章名'"。

②设置偶数页页眉：将光标定位在正文第二页的页眉处，单击"链接到前一条页眉"来断开链接，单击"设计"选项单→"文档部件"按钮，选择"域"命令，在打开的"域"对话框中的"类别"处选择"链接和引用"，"域名"处选择"StyleRef"，"样式名"处选择"标题 2"，"域选项"处勾选"插入段落编号"，单击"确定"按钮，如图 8-69 所示；单击"文档部件"按钮，选择"域"命令，在打开的"域"对话框中的"类别"处选择"链接和引用"，"域名"处选择"StyleRef"，"样式名"处选择"标题 2"，单击"确定"按钮，如图 8-70 所示。这样偶数页的页眉就设置好了，其格式为"'节序号'+'节名'"。

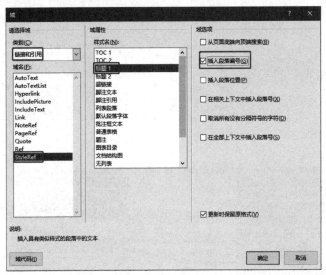

图 8-67 插入章序号

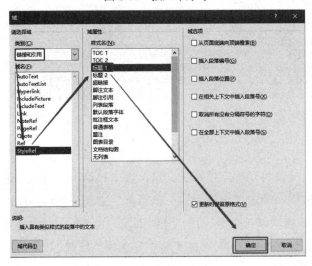

图 8-68 插入章名

图 8-69　插入节序号

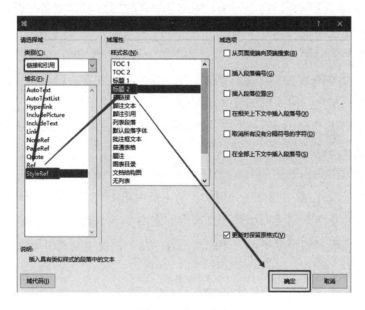

图 8-70　插入节名

8.4　项目总结

对于类似毕业论文这种长文档的编辑，是 Word 2019 中多种知识点的综合运用，需要我们对相关知识点熟练掌握并对相关操作了然于心，才会得心应手，才能把文档编辑得规范、美观，让人赏心悦目。

长文档排版是非常实用的技巧，需要多操作多练习，做到熟能生巧。

8.5　课后练习

根据要求对长文档进行排版。

（1）对正文进行排版

①使用多级符号对章名、小节名进行自动编号，替换原有的编号。要求：

章序号的自动编号格式为：第 X 章（例：第 1 章），其中，X 为自动排序，阿拉伯数字序号。对应级别 1，居中显示。

小节名自动编号格式为：X.Y，X 为章数字序号，Y 为节数字序号（例：2.1），X，Y 均为阿拉伯数字序号，对应级别 2，左对齐显示。

②新建样式，样式名为："样式 000"，其中：

字体要求：中文字体为"仿宋"；西文字体为"Times New Roman"；字号为"小四"。

段落要求：首行缩进 2 字符；段前 0.5 行，段后 0.5 行，行距 1.5 倍；其余格式，默认设置。

将"样式 000"应用到正文中无编号的文字（不包括章名、节名、表和图的题注、表格文字、脚注和尾注文字）。

③对正文中的图添加题注"图"，位于图下方，居中，要求：

编号为章序号-图在章中的序号（例如：第 1 章中第 2 幅图，题注编号为 1-2）；图的说明使用图下一行的文字，格式同编号；图居中。

④对正文中出现"如下图所示"中的"下图"两字，使用交引用改为"图 X-Y"，其中"X-Y"为图题注的编号。

⑤对正文中的表添加题注"表"，位于表上方，居中，要求：

编号为章序号-表在章中的序号（例如：第 1 章中第 1 张表，题注编号为 1-1）；表的说明使用表上一行的文字，格式同编号；表居中，表内文字不要求居中。

⑥对正文中出现"如下表所示"中的"下表"两字，使用交叉引用改为表"X-Y"，其中"X-Y"为表题注的编号。

⑦对正文中首次出现"道教"的地方插入脚注（置于页面底端），添加文字"道教是中国主要宗教之一。"。

（2）在正文前按序插入 3 节，使用 Word 提供的功能，自动生成如下内容：

①第 1 节：目录。"目录"使用样式标题 1，居中；"目录"下为目录项。

②第 2 节：图索引。"图索引"使用样式标题 1，居中；"图索引"下为图索引项。

③第 3 节：表索引。"表索引"使用样式标题 1，居中；"表索引"下为表索引项。

（3）使用适合的分节符，对正文进行分节。添加页脚，使用域插入页码，居中显示。要求：

①正文前的节，页码采用"i,ii,iii,…"格式，页码连续；

②正文中的节，页码采用"1,2,3,…"格式，页码连续；

③正文中每章为单独一节，页码总是从奇数页开始；

④更新目录、图索引和表索引。

（4）添加正文的页眉。使用域，按要求添加内容，并居中显示。其中：

①奇数页页眉中的文字为："章序号"＋"章名"（例如：第 1 章 XXX）；

②偶数页页眉中的文字为："节序号"＋"节名"（例如：1.1XXX）。

第二篇　Excel 高级应用案例

项目 9　公司员工情况表——模板和数据输入

9.1　项目背景

小董是某公司部门办公室职员，由于公司人员变动，现需统计每位职员的联系方式及相关信息。小董在收集相关资料后，需要将每位职员的相关信息制作成 Excel 表发给办公室主任。经过分析发现，公司职员分属几个不同部门，相同办公室职员办公电话一致，公司为职员办理的手机号码也仅是最后两位不同。如何使用良好的方法来制作员工情况表，既能提高工作效率，又能降低出错概率，是小董所面临的问题。

本案例效果图如图 9-1 所示，小董需要完成的工作包括：

（1）建立员工情况表模板及样式。

（2）单元格格式设置，表格格式设置。

（3）使用数据有效性序列、自定义文本长度和出错警告、填充序列与填充柄等方法录入员工情况表内容。

（4）灵活使用条件格式、单元格名称的命名与引用。

（5）分割窗口、冻结窗口，使用监视窗口。

	A	B	D	E	F	G	H	I
1	员工编号	姓名	单位电话	手机号码	电子邮件地址	二月份工资	三月份工资	同比差异
2	0001	唐三藏	057488052231	13956786533	tang@163.com	6800	7000	200
3	0002	孙行者	057488052238	13956786554	sun@sina.com.cn	5800	6500	700
4	0003	猪悟能	057488052125	13956786524	zhu@sohu.com	4800	4500	-300
5	0004	沙悟净	057488052211	13956786525	sha@tom.com	4000	4200	200
6	0005	小白龙	057488052315	13956786542	long@qq.com	5000	5300	300
7	0006	观音大师	057488052238	13956786534	guan@163.com	8000	7500	-500
8	0007	太上老君	057488052125	13956786523	tai@163.net	6000	5800	-200
9	0008	杨戬	057488052211	13956786531	yang@51.com	5500	5200	-300
10	0009	哪吒	057488052211	13956786552	ne@sohu.com	5000	4700	-300
11	0010	牛魔王	057488052232	13956786537	niu@qq.com	3800	3550	-250
12	0011	红孩儿	057488052315	13956786551	hong@qq.com	3500	3850	350
13	0012	金鱼怪	057488052238	13956786547	jin@sina.com.cn	3000	2850	-150
14	0013	银角大王	057488052126	13956786535	yin@163.com	2800	2800	0
15	0014	白晶晶	057488052232	13956786538	bai@sina.com.cn	3500	3250	-250
16	0015	黑风怪	057488052126	13956786544	hei@qq.com	2500	2750	250

员工情况表　Sheet1

监视窗口

添加监视...　删除监视...

工作...	工作...	名称	单元...	值	公式
公司	员工...	齐天...	B3	孙行者	

图 9-1　公司员工情况表

9.2　项目分析

（1）建立员工情况表模板

模板是具有预设主题、样式、布局及占位符等信息的 Microsoft Office 文档，与从零开始相比，使用模板创建工作簿可节省时间，使用者也可以对原始模板进行修改，保存为自己所需的 Excel 模板。

（2）设置单元格格式、表格行高、列宽

使用模板打开的工作表，需要对特定单元格进行格式设置，对不同的列进行列宽的调整，对整个窗体进行分割并冻结。

（3）录入职员信息

灵活使用数据有效性序列、自定义文本长度、通用格式填充柄等方法，为员工情况表添加相应信息。

（4）特殊数据的输入

分数、负数、文本型数字、特殊字符、大写中文数字、超链接的处理。

9.3　项目实现

9.3.1　建立员工情况表模板及样式

在 Excel 2019 访问模板库中，可以通过单击"文件"选项卡的"新建"命令找到计算机上保存的已有 Excel 模板。在此可以根据不同的模板创建 Excel 工作簿，用户使用最多的为空白工作簿，也可以根据实际需要选择其他模板。如果在已有的模板库中未能找到合适的模板，用户也可以在"搜索联机模板"中输入对应的关键字进行联网搜索，如图 9-2 所示。

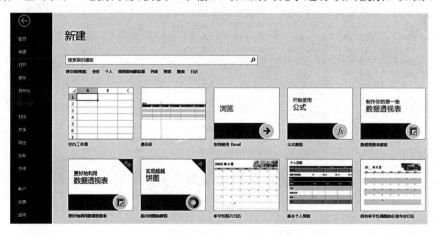

图 9-2　搜索模板图

在 Excel 的新工作簿中将其打开，现在可以根据自己的需求，对模板工作簿更改相应的信息，如图 9-3 所示。保存更改时，单击"文件"选项卡的"另存为"按钮，选"浏览"命令，将修改完的模板保存为"Excel 模板（*.xltx）"格式，文件名设为"员工情况表"，保存位置默认。

	A	B	C	D	E	F	G	H	I
1	员工编号	姓名	部门	单位电话	手机号码	电子邮件地址	二月份工资	三月份工资	同比差异
2									
3									
4									

图 9-3　修改后的模板内容

今后要使用时可以单击"文件"选项卡的"新建"按钮，在推荐区域选择"个人"，如图 9-4 所示，即可找到"员工情况表"模板打开并使用。

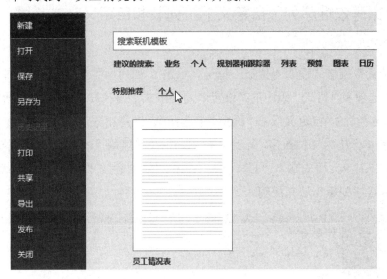

图 9-4　使用保存后的模板

9.3.2　冻结、拆分窗格

通过模板创建"员工情况表"时，我们从表中可以看到，在拖动滑动块时，表格 A、B 列和第一行固定不动，这属于冻结窗格。日常工作中，我们在滚动浏览表格时，需要固定显示表头标题行，在此就使用拆分、冻结窗格命令实现这种效果。

（1）拆分窗格

单个工作表可以通过"拆分窗格"，实现在现有的工作表窗口中同时显示多个位置。

①将光定位于想要拆分的区域（此处为 C3 单元格），然后单击"视图"选项卡→"窗口"组中的"拆分"按钮，就会将整个工作表窗口拆分为 4 个窗格，再次单击"拆分"按钮，就会去掉整个窗口的拆分状态。

②将光标定位到拆分条上，按住鼠标左键即可移动拆分条，从而改变窗格布局。

③若想要去除某条拆分条，将其拖到窗口边缘或者在拆分条上双击鼠标左键即可。

（2）冻结窗格

①如需要固定显示的行列为 A、B 列及第一行，选中 C2 单元格作为当前活动单元格，单击"视图"选项卡的"冻结窗格"下拉按钮，选择"冻结窗格"命令。

②再次单击"冻结窗格"下拉菜单，在扩展菜单中选择"取消冻结窗格"命令，即可取消冻结状态。

③还可以在下拉菜单中选择"冻结首行"或"冻结首列"命令，快速冻结表格首行或首列。

④如需变换冻结位置，需要先取消冻结，然后再执行一次"冻结窗格"命令。

9.3.3 数据有效性序列、自定义下拉列表和自定义文本长度、警告样式

（1）数据输入

利用自定义数据格式输入 4 位员工编号。单击 A 列列标"A"，选中 A 列所有单元格，单击"开始"选项卡"格式"组中的"设置单元格格式" 按钮，在打开的对话框的"数字"选项卡中选"分类"为"自定义"，在"类型"中选择"G/通用格式"，在文本框中输入"0000"，表示 A 列所有单元格为 4 位数字，不足 4 位的，则在左侧用"0"补足，如图 9-5 所示。完成设置后，在 A2 单元格中输入"1"，则在 A2 中显示内容为"0001"，其余编号可以用填充柄填充法或者序列填充法完成输入。

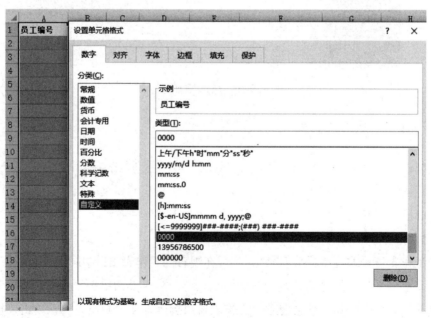

图 9-5　"设置单元格格式"对话框

采用填充柄填充法步骤：单击显示内容为"0001"的 A2 单元格，使 A2 单元格为选中状态，将光标放至其右下角的填充柄，按住 Ctrl 键，同时用鼠标向下拖动填充柄，则自动在 A3～A16 单元格中生成编号 0002～0015。

采用序列填充法步骤：单击显示内容为"0001"的 A2 单元格使其为选中状态，单击"开始"选项卡"填充"下的"序列"命令，在打开的"序列"对话框中"序列产生在"处选"列"，"类型"为"等差序列"，输入"步长值"为"1"，"终止值"为"15"，如图 9-6 所示，单击"确定"按钮，Excel 自动在 A3～A16 单元格中填充编号 0002～0015。

（2）利用数据有效性序列输入部门信息

公司主要职能部门有办公室、财务部、研发部、市场部和生产部，如何快速有效输入这些部门信息就需要良好的方法。一个一个输入肯定比较麻烦，如果用无规则重复信息的输入办法来复制也要不断移动鼠标，为此，在输入这类重复出现的信息字段时，可以采用"数据有效性"中的有效性序列简化输入过程。

有效性序列法步骤：单击部门字段 C 列列标"C"，选中 C 列所有单元格，单击"数据"选项卡的

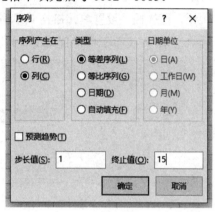

图 9-6　"序列"对话框

"数据验证"按钮，打开的"数据验证"对话框的"设置"选项卡中允许处选"序列"，在"来源"文本框中输入"办公室,财务部,研发部,市场部,生产部"，注意：文本选项之间必须用英文状态下的逗号隔开，单击"确定"按钮后完成序列设置，如图 9-7 所示。

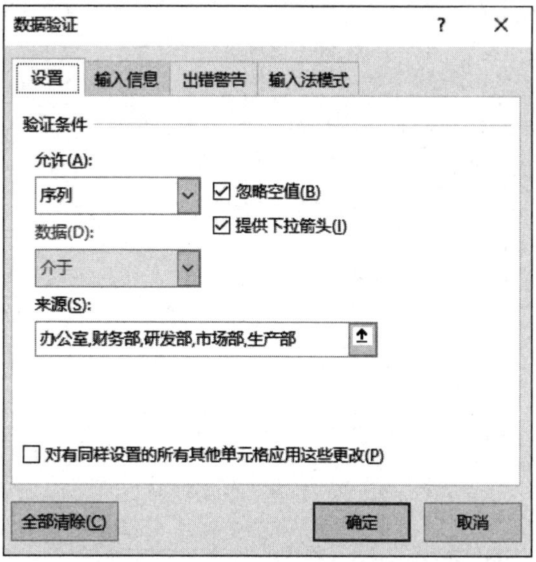

图 9-7　"数据验证"对话框

这时选中 C2 单元格，会发现该单元格右边多了一个下三角按钮，单击下三角按钮，可以选择部门直接输入，如图 9-8 所示。

（3）输入以"0"开始的电话号码，并限制电话号码长度为 12 个数字

在 Excel 中，数字格式的数值是不能以 0 开头的，就像日常生活中习惯将"01"写为"1"，但是文本格式的数值是可以以 0 开头的，所以输入以"0"开头的数字，必须将单元格的格式转化成文本格式。有 2 种方法：一是在数字前加上英文状态下的单引号，如图 9-9 所示，此方法适用于个别单元格设置；二是在选中单元格后，单击"开始"选项卡"格式"按钮，再选择"设置单元格格式"命令，在弹出的对话框中"数字"选项卡中，选"分类"为"文本"，将单元格设置成文本格式，此方法适用于对所选单元格区域进行设置。

	A	B	C	单
1	员工编号	姓名	部门	
2	0001			▼
3	0002		办公室	
4	0003		财务部	
5	0004		研发部	
6	0005		市场部	
			生产部	

图 9-8 "数据有效性"单元格效果

部门	单位电话
办公室	'057488052231

图 9-9 输入"文本"类型数据效果

为了避免输入数据时数字位数输入错误，我们限制每个单元格输入 12 个数字。选中要设置的单元格区域，单击"数据"选项卡→"数据验证"组中的"数据验证"按钮，在打开的对话框的"设置"选项卡下选"允许"为"文本长度"，"数据"选为"等于"，"长度"设为 12，如图 9-10 所示。

图 9-10 "数据验证"对话框

当我们输入的电话号码不是 12 位数字时，可让系统提示我们电话号码由 4 位区号加 8 位固定号码组成。单击"出错警告"选项卡，设置出错警告"样式"为"警告"，"错误信息"为"电话号码由 4 位区号 8 位固话号码组成！"，如图 9-11 所示。这样，当输入的电话号码长度不是 12 位数字时，系统会提示错误，如图 9-12 所示。这时，如果继续坚持输入，单击"是"按钮，也可强行输入。若在图 9-11 中将"样式"设置为"停止"，当输入的电话号码不是 12 位数字时，会弹出禁止输入对话框，系统禁止输入不合要求的数据。

图 9-11 数据出错警告设置

图 9-12 出错样式为警告时的显示

（4）输入仅有末两位不同的职员手机号码

在 Excel 中要输入仅有末尾两位不同的数字时，我们可以单击"开始"选项卡→"格式"下拉按钮，选"设置单元格格式"命令，在找开的对话框的"数字"选项卡选择"自定义"分类，在"类型"中选择"G/通用格式"，在文本框中输入前面相同的数字，最后两位可以用"00"表示，如输入"13956786500"，单击"确定"按钮，如图 9-13 所示。现在我们在单元格中只要输入末尾两位号码，按 Enter 键后，系统会自动将前面相同的数字输入。

如果在实际情况中，相同的数字中需要出现"0"，则此时必须将该"0"两端加上英文状态下的双引号，以表示为固定内容，而不是可以替代的代码。比如该部分手机号码以"130"开始，最后两位数字不同，则刚才的设置就应该变为"13 "0" 567865 00"，此时最前面的"0"是固定的文本，不会变化。

图 9-13　输入仅末尾两位不同号码设置对话框

9.3.4　条件格式、数据条

对于 Excel 中的不同数据，我们可以按照不同的条件和要求，设置它的显示格式，以便把不同的数据更加醒目地表示出来，这就是 Excel 单元格中条件格式的应用。Excel 2019 进一步增强了条件格式的功能。

（1）使用条件格式刷选

如果我们要将部门中的研发部加上黄色图案，可以先选中部门下方的所有部门内容，然后单击"开始"选项卡→"条件格式"的"新建规则…"按钮，在打开的对话框的"选择规则类型"中选择"只为包含以下内容的单元格设置格式"，在"编辑规则说明"中按如

图 9-14 所示进行设置，确定后即可将部门内容为研发部的单元格加上黄色的图案。

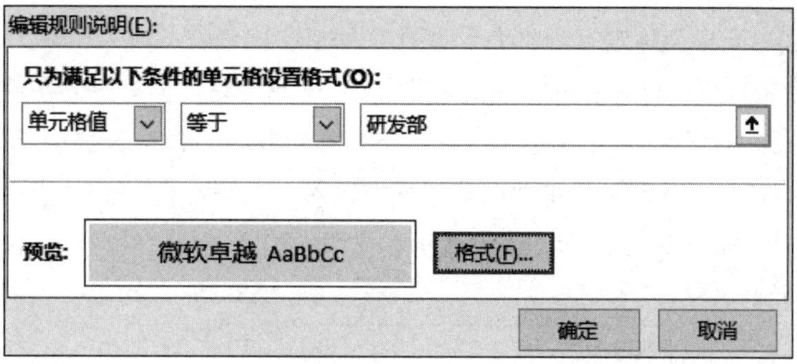

图 9-14　编辑规则说明

（2）数据条的使用

在员工情况表中，如果想更加醒目地显示同比差异的数据，我们可以通过数据条的设置来达到目的。

选中同比差异下的内容，然后单击"开始"选项卡→"条件格式"的"数据条"按钮，系统为我们提供了渐变填充和实心填充 2 组颜色，我们可以根据自己的喜好进行选择。将光标移动到某个颜色条上时，工作表中的数据条也会随之发生相应的变化，这是实时预览的效果，我们选择自己满意的颜色后单击鼠标即可，如图 9-15 所示。

图 9-15　数据条设置

9.3.5 单元格名称与监视窗口

（1）将 B3 单元格名称定义为"齐天大圣"

Excel 自身带有用列标和行标表示的名称，如 B3 单元格。但有时候在使用公式操作时比较烦琐，Excel 为我们提供了其他定义单元格名称的方法。单击"公式"选项卡下的"定义名称"按钮，在打开的对话框的"名称"框中输入"齐天大圣"，在"引用位置"中输入所引用的单元格，如图 9-16 所示，该单元格名称即创建完成。我们也可以在名称管理器中新建、编辑单元格名称。

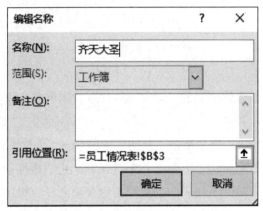

图 9-16 单元格名称定义

（2）对 B3 单元格使用监视窗口

单击"公式"选项卡下的"监视窗口"按钮，打开"监视窗口"对话框，单击"添加监视…"按钮，输入所需监视的单元格地址或单元格名称，即可在监视窗口中跟踪监视。该法适用于在大范围或者多表操作时查看对应的单元格内容变化情况。

9.4 项目总结

数据输入及单元格设置是 Excel 的应用基础。通过本项目的学习，我们除了掌握创建、保存 Excel 文档的基础操作外，重点学习不同格式数据的输入方法与技巧，并进一步掌握通过填充、数据有效性序列等命令简化数据输入。还要灵活运用条件格式与数据条，合理定义单元格名称和使用监视窗口，以便更有效率地使用 Excel。

9.5 课后练习

打开"计算机技能竞赛.xlsx"，完成如下设置，效果如图 9-17 所示。

（1）在第 1 行之前插入 1 行，合并 A1～E1 单元格，输入"计算机技能竞赛获奖名单"。

设置第 1 行行高为 30，其余单元格设置最合适行高和最合适列宽，单元格对齐方式水平居中、垂直居中。

（2）设置表格外边框红色粗实线，内边框红色细实线。

（3）用自动以 4 位数字格式的方法输入报名编号，并设置文本长度只能为 4 位数字。

（4）运用数据有效性序列的方法输入院系数据：经管学院、外国语学院、传媒学院、人文学院。

（5）竞赛成绩已经排列好，在“名次”列中从 1 填充名次。将第 1 名的姓名单元格定义名称为“冠军”，并添加入监视窗口中。

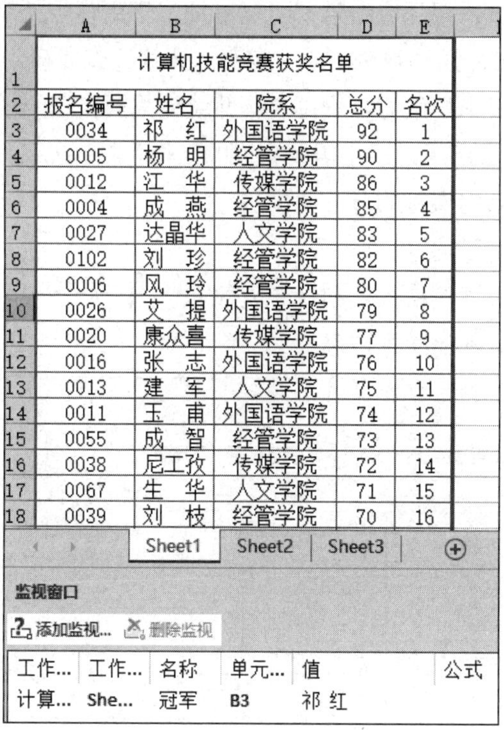

计算机技能竞赛获奖名单				
报名编号	姓名	院系	总分	名次
0034	祁　红	外国语学院	92	1
0005	杨　明	经管学院	90	2
0012	江　华	传媒学院	86	3
0004	成　燕	经管学院	85	4
0027	达晶华	人文学院	83	5
0102	刘　珍	经管学院	82	6
0006	风　玲	经管学院	80	7
0026	艾　提	外国语学院	79	8
0020	康众喜	传媒学院	77	9
0016	张　志	外国语学院	76	10
0013	建　军	人文学院	75	11
0011	玉　甫	外国语学院	74	12
0055	成　智	经管学院	73	13
0038	尼工孜	传媒学院	72	14
0067	生　华	人文学院	71	15
0039	刘　枝	经管学院	70	16

图 9-17　技能竞赛名单效果图

项目 10 学生成绩表——数学函数、统计函数

10.1 项目背景

小王是班级学习委员，现正值新学期评优时期，班主任委托小王统计班级同学上学期的考试成绩情况。小王要应用函数分析学生信息、计算考试成绩，分析每科成绩的最高分、最低分和平均分，统计每个学生的总分排名，并统计不同寝室的学习情况。

本例效果图如图 10-1 所示，小王需要完成的工作包括：

（1）统计每个同学各门课程的总分并排名。

（2）统计每个寝室的平均分。

（3）统计每门课程的不及格人数和缺考人数。

（4）统计符合特定条件的学生信息。

姓名	性别	寝室号	大学语文	大学物理	高等数学	C程序设计	网络技术	总分	排名				性别	大学语文
孔德武	男	1401	88	85	89	78	81	421	14	统计班级学生人数	30		男	>90
石清华	女	2401	74	68	94	74	65	375	23	统计总分大于260的人数	19			
李珍珍	女	2401	97	78	91	85	88	439	9	缺考人次数	3		性别	大学语文
杨小凤	女	2402	78	85	84	82	73	402	19	语文平均分	78.47		女	>90
石富财	男	1401	91	95	86	91	81	444	7	男生C程平均分	81.39			
张金宝	男	1402	87	88	78	85	88	426	12	1401寝室总分	2454		排名	性别
刘凤英	女	2401	61	77	67	69	73	347	26				<=10	男
李国华	男	1402	88	86	62	73	75	384	21					
叶杏梅	女	2402	75	95	94	85	96	445	6				排名	寝室号
李发财	男	1402	76	81	82	68	72	379	22				<=5	1403
赵建民	男	1403	93	95	83	89	94	454	3					
钱梅宝	男	1403	78	72	86	88	98	422	13	男生语文高于90人数	3			
张平光	男	1402	90	89	95	100	98	472	1	语文高于90分的女生姓名	李珍珍			
许动明	男	1401	69	77	85	89	87	407	18	女生网络技术最高分	96			
张 云	女	2402	72	69	68	77	76	362	24	排名前10中男生的平均分	456.8			
唐 琳	女	2402	83	85	79	98	96	441	8	排名前5的1403寝室物理成绩乘积	724470			
宋国强	男	1402	57	64		50	60	231	29					
郭建峰	男	1403	86	82	88	97	94	447	5					
凌晓婉	女	2402	88	85	94	88	95	450	4					
张启轩	男	1403	92	93	88	98	96	467	2					
王 丽	女	2402	79	86	86	78	92	421	14					

图 10-1 学生成绩表效果图

10.2 项目分析

（1）数组公式、SUM()

利用数组公式或 SUM()函数来统计每个同学上学期的总分。

（2）AVERAGEIF()、SUMIF()

利用 AVERAGEIF()和 SUMIF()统计平均分和总分。

（3）COUNT()、COUNTA()、COUNTIF()、COUNTBLANK()

利用统计函数统计班级人数，每门课程不及格人数，缺考科目数。

（4）RANK.EQ

对班级同学的考试情况进行排名。

（5）数据库函数的使用

选择合适的数据库函数统计信息。

10.3　项目实现

10.3.1　统计班级每个同学的考试总分

（1）使用一般公式方法

公式是 Excel 工作表中进行数值计算的等式，公式输入以"="开始，简单的公式有加、减、乘、除等计算。

我们可以在 I3 单元格中编辑公式，输入"=D3+E3+F3+G3+H3"，回车后即可，其他同学的总分可以通过填充柄拖动来求得。

（2）数组公式计算总分

Excel 中数组公式非常有用，尤其在不能使用工作表函数直接得到结果时，数组公式显得特别重要，它可建立产生多值或对一组值而不是单个值进行操作的公式。

输入数组公式首先必须选择用来存放结果的单元格区域（可以是一个单元格），在编辑栏中输入公式，然后按 Ctrl＋Shift＋Enter 组合键锁定数组公式，Excel 将在公式两边自动加上花括号"{}"。注意不要自己键入花括号，否则 Excel 认为输入的是一个正文标签。

利用数组公式计算 I3:I32 单元格的总分。务必先选中 I3:I32 单元格，然后按下"="键编辑加法公式计算总分，因为数组公式是对一组值进行的操作，所以直接用鼠标选择 D3: D32，按下"+"号，再用鼠标选择其余科目成绩依次累加，最后按 Ctrl＋Shift＋Enter 组合键完成数组公式的编辑，如图 10-2 所示。

$$\{=D3:D32+E3:E32+F3:F32+G3:G32+H3:H32\}$$

图 10-2　数组公式

在数组公式的编辑过程中，第一步选中 I3:I32 单元格尤为关键。绝不能开始只选中 I3 单元格，在最后用填充柄填充其他单元格，那样其他单元格的左上角将会出现绿色小三角，是错误的方法。

（3）使用 SUM()函数计算总分

SUM()求和函数，可以用来计算总分列。选择 I3 单元格，单击"公式"选项卡的"插入函数"或"自动求和"按钮，可选择 SUM()函数，选中求和区域 D3:H3，如图 10-3 所示，按 Enter 键，求和结果显示在单元格中。

通过填充操作完成其余各行总分的计算。

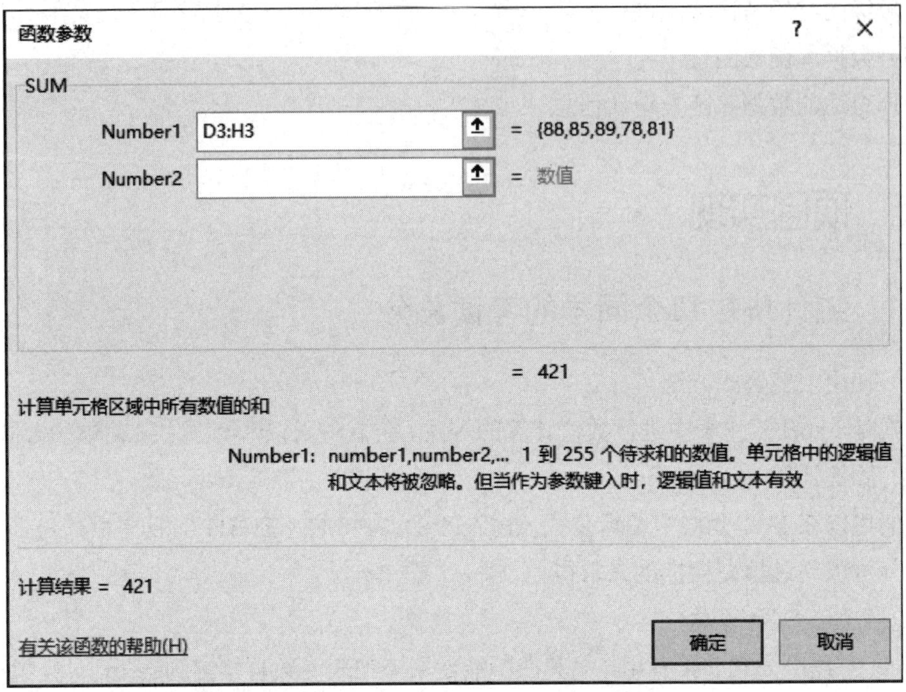

图 10-3　SUM()函数参数对话框

10.3.2　统计班级相关人数

（1）使用 COUNT()、COUNTA()函数统计班级人数

COUNT()函数用于统计含有数字的单元格个数，统计全班学生人数的时候可以选择统计寝室号或各科成绩列单元格的个数。

选中 N3 单元格，单击"公式"选项卡的"插入函数"按钮，在"搜索函数"中输入"count"后单击"转到"按钮，如图 10-4 所示；打开"函数参数"对话框，在"Value1"文本框中输入 C3:C32，表示统计该区域包含数字的单元格个数，如图 10-5 所示，单击"确定"按钮，完成输入。

COUNTA()函数用于统计区域中不为空的单元格的数目，它不仅对包含数值的单元格进行计数，还对包含非空白值（包括文本、日期和逻辑值）的单元格进行计数。该函数的使用方法与 COUNT()函数使用方法一致。

（2）使用 COUNTIF()函数统计总分大于 400 分的学生人数

COUNTIF()函数是对指定区域中符合某一个条件的单元格计数的统计函数。将光标定位

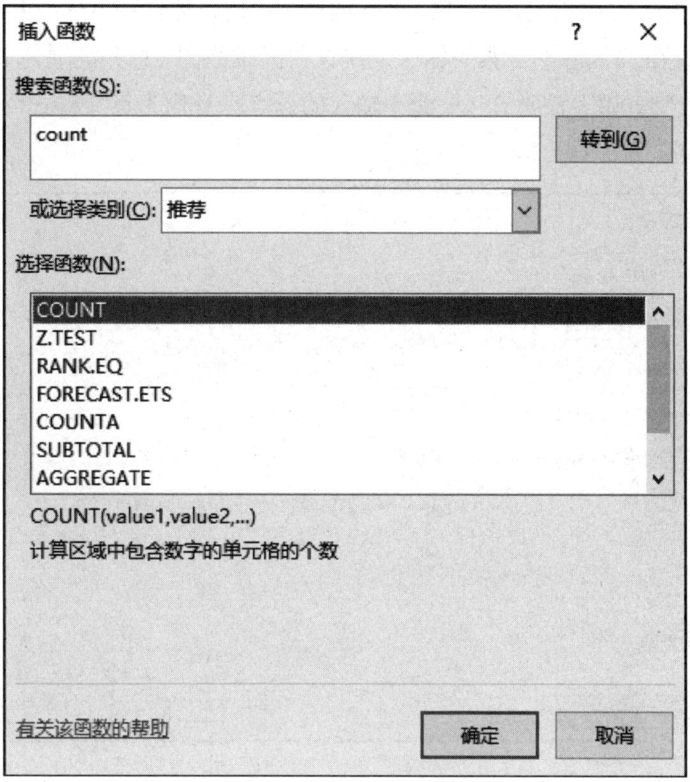

图 10-4　插入 COUNT()函数

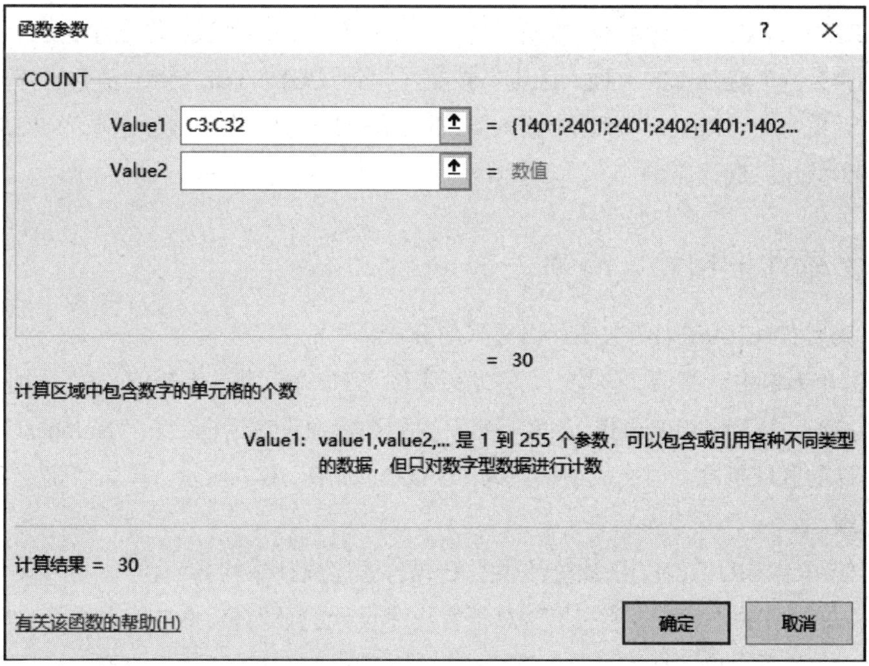

图 10-5　COUNT()函数参数对话框

于 N4 单元格，单击"公式"选项卡的"插入函数"按钮，找到 COUNTIF()函数后打开"函数参数"对话框，在"Range"参数中输入要统计的区域范围，总分区域为 I3:I32，"Criteria"参数中输入条件">400"，注意在 Excel 中输入的标点符号均为英文格式，单击"确定"按钮完成计算，如图 10-6 所示。

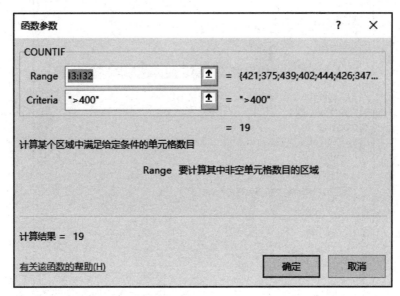

图 10-6   COUNTIF() "函数参数"对话框

（3）使用 COUNTBLANK()函数统计缺考人次数

COUNTBLANK()函数用来计算指定区域中空白单元格的个数。将光标定位于 N5 单元格，单击"公式"选项卡的"插入函数"按钮，找到 COUNTBLANK()函数后打开"函数参数"对话框，在"Range"参数中输入要统计的区域范围，课程成绩区域为 D3:H32，单击"确定"按钮完成计算。

10.3.3   统计平均分、总分

（1）使用 AVERAGE()函数统计语文平均分

在 N6 单元格中计算语文平均分。将光标定位于 N6 单元格，单击"公式"选项卡的"插入函数"按钮，找到 AVERAGE()函数后打开"函数参数"对话框，在"Number1"参数中输入要统计的区域范围，语文成绩区域为 D3:D32，如图 10-7 所示，单击"确定"按钮求得平均成绩。

（2）使用 AVERAGEIF()函数统计男生 C 语言程序设计平均分

在 N7 单元格中计算班级所有男生 C 语言程序设计的平均分。将光标定位于 N7 单元格，单击"公式"选项卡的"插入函数"按钮，找到 AVERAGEIF()函数后打开"函数参数"对话框，在"Range"参数中输入要统计平均值的条件所在的区域，条件区域为性别男即

B3:B32,"Criteria"参数中输入条件,我们可以直接输入"男",也可以从性别列中引用内容为男的单元格如 B3,"Average_range"参数中输入要计算平均值的实际单元格区域,输入 C 语言程序设计课程考分 G3:G32,如图 10-8 所示,单击"确定"按钮求得男生 C 语言程序设计课程的平均成绩。

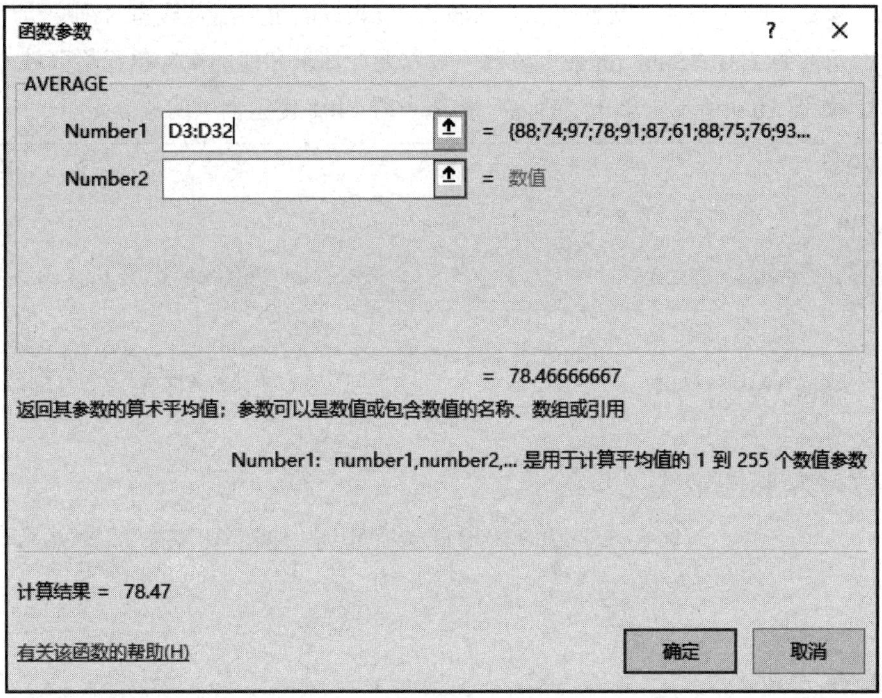

图 10-7 AVERAGE()"函数参数"对话框

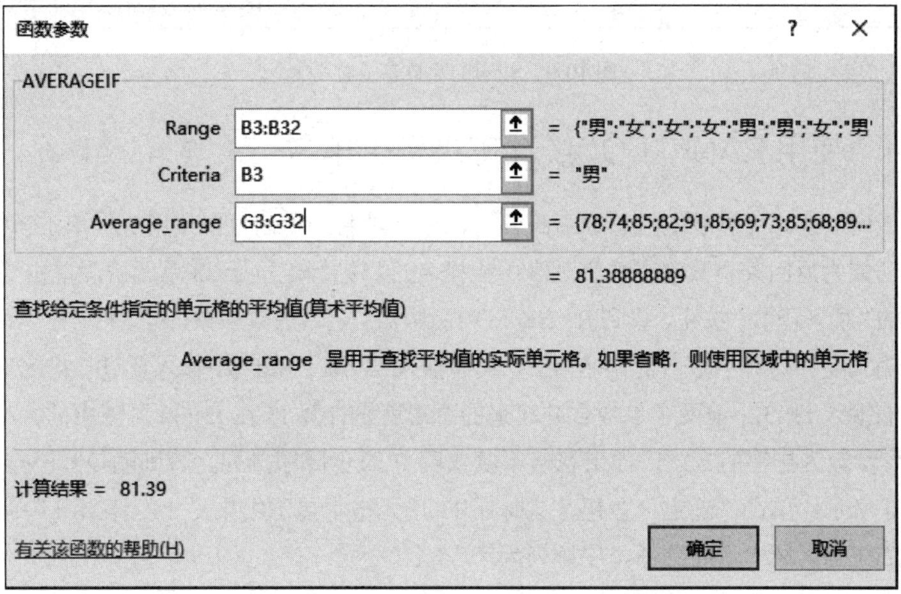

图 10-8 AVERAGEIF()"函数参数"对话框

（3）使用 SUMIF()函数统计 1401 寝室学生总分

SUMIF()函数是根据指定条件对若干个单元格、区域或引用进行求和的函数。将光标定位于 N8 单元格，单击"公式"选项卡的"插入函数"按钮，找到 SUMIF()函数后打开"函数参数"对话框，在"Range"参数中输入要统计求和值的条件所在的区域，即 C3：C32，"Criteria"参数中输入条件，我们可以直接输入"1401"，也可以从寝室号列中引用内容为1401 的单元格如 C3，"Sum_range"参数中输入要计算求和值的实际单元格区域，输入总分 I3：I32，如图 10-9 所示，单击"确定"按钮求得 1401 寝室学生的总分。

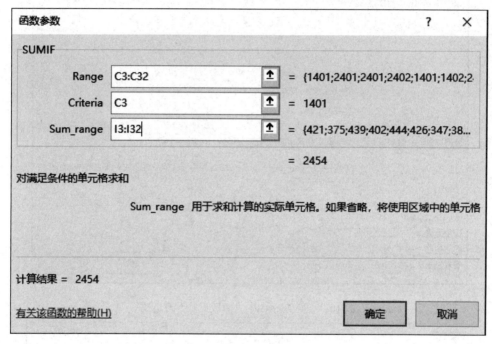

图 10-9　Sumif()函数参数对话框

10.3.4　使用 RANK.EQ()统计班级学生排名

在 J 列中统计每位学生的总分由高分到低分的排名，我们可以使用 RANK.EQ()函数，该函数功能为返回某个数字在数字列表中的排名。将光标定位于 J3 单元格，单击"公式"选项卡的"插入函数"按钮，找到 RANK.EQ()函数后打开"函数参数"对话框，在"Number"参数中输入要计算哪个数值的排名，在此我们输入 I3；在"Ref"中输入要进行排名的区域，在此我们输入 I3:I32；前两个参数合并起来的意思就是计算 I3 在 I3:I32 区域中的大小排名；"Order"参数为排序的方式，如果忽略不填或填 0 表示降序排列，否则就是升序排列。如图 10-10 所示，单击"确定"按钮，这时在 J3 单元格中显示结果为 14，表示 I3 单元格的数据在 I3:I32 区域中从高到低降序排列为第 14 名。

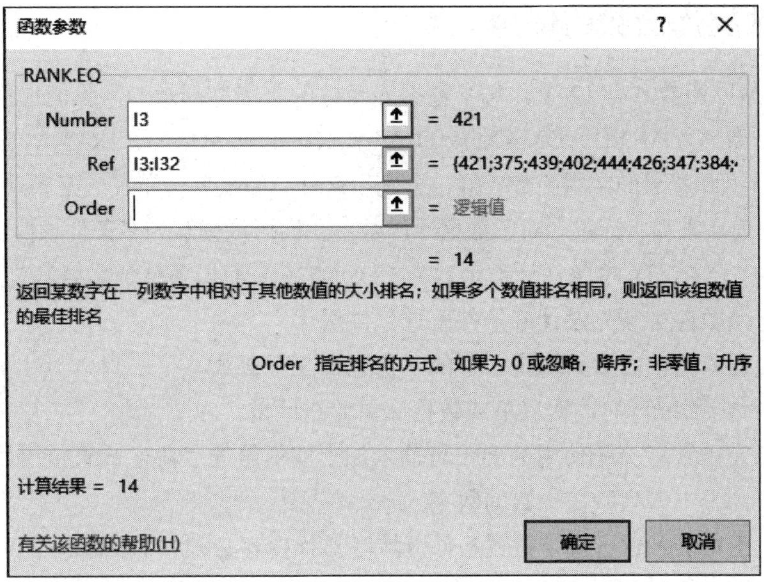

图 10-10　RANK. EQ() "函数参数" 对话框

对于 J 列其余单元格的排名，如果简单的使用填充柄进行填充，我们将会发现其结果是错误的，因为函数参数有所改变。但是 "Ref" 参数 I3:I32 应该是不变的，因此需要对 "Ref" 参数 I3:I32 使用绝对地址，使其在用填充柄填充的时候不发生变化。

选中已经编辑好的 J3 单元格，单击编辑栏上的 "插入函数" 按钮或者编辑栏左侧的 *fx* 图标，直接弹出编辑好的 RANK.EQ()函数对话框，选中 "Ref" 参数中的 I3:I32，按下功能键 F4，直接给行列号添加上$绝对地址引用符号，如图 10-11 所示，单击 "确定" 按钮完成，之后我们就可以使用填充柄正确计算其余同学的总分排名。

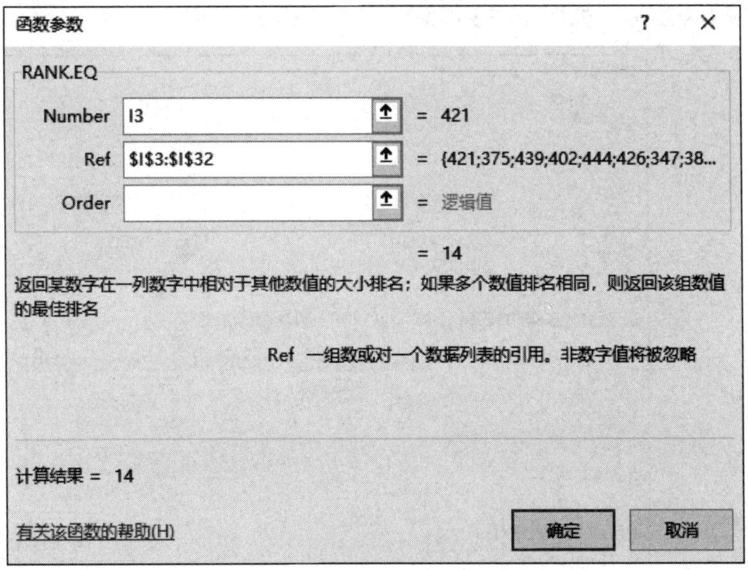

图 10-11　RANK.EQ()函数参数绝对地址引用

10.3.5 数据库函数的使用

Excel 数据库函数共有 12 个，每个数据库函数的首字母都是 D，我们也称为 D 函数。常用数据库函数有 DMIN()、DMAX()、DAVERAGE()、DSUM()、DCOUNT()。这些函数去掉前面的 D 就和普通的常用函数一样，分别用来计算数据库清单在一定条件下的最小值、最大值、平均值、求和、计数。对于数据库函数，我们可以理解为多条件求值函数，如无条件计数函数为 COUNT()，单条件计数函数为 COUNTIF()，而多条件计数函数为 DCOUNT()，在使用数据库函数前必须先设计好条件区域以供引用。

所有的数据库函数的参数均是一样的，都包含 3 个参数。

Database：所需统计的数据清单或数据库单元格区域。

Field：指定函数运算所使用的列，可输入加上双引号的字段名或直接引用该字段名，也可以输入表列表中该列所在位置的数字。

Criteria：给定的条件区域，设置条件区域时首行内容必须和 Database 的首行内容完全一致才能匹配上。

（1）使用 DCOUNT()函数统计男生大学语文成绩高于 90 分的学生人数

要统计男生大学语文成绩高于 90 分的学生人数，需要 2 个条件，分别是性别为男和大学语文成绩高于 90 分。涉及 2 个条件的计数，属于多条件计数，因此选用数据库函数 DCOUNT()。

先在 P2:Q3 设置条件区域如图 10-12 所示，注意：数据清单中能复制的内容尽量复制。在 N14 单元格中，单击"公式"选项卡的"插入函数"按钮，找到 DCOUNT ()函数后打开"函数参数"对话框，在"Database"参数中输入数据清单范围，即 A2:J32，在此注意第 2 行必须选，作为数据清单的首行；"Field"中引用 D2，表示要计算大学语文的个数；"Criteria"中输入 P2:Q3，如图 10-13 所示，单击"确定"按钮后完成计算。

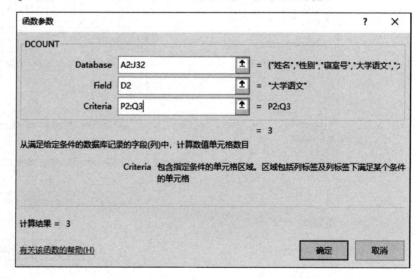

性别	大学语文
男	>90

图 10-12　条件区域

图 10-13　DCOUNT()"函数参数"对话框

（2）使用 DGET()函数统计大学语文成绩高于 90 分的女生姓名

DGET()函数的功能是提取符合条件的唯一记录，如果记录不唯一则返回#NUM!。条件区域设置如图 10-14 所示，函数参数设置如图 10-15 所示。

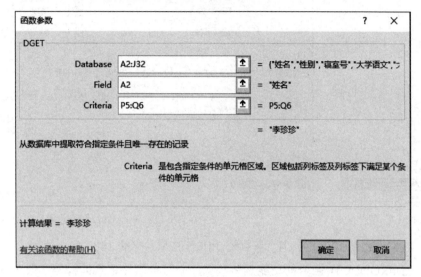

性别	大学语文
女	>90

图 10-14　条件区域　　　　　　　　图 10-15　DGET()"函数参数"对话框

（3）使用 DMAX()函数统计女生中网络技术成绩的最高分

Dmax()函数的功能是提取满足条件记录指定列的最大值，函数参数设置如图 10-16 所示。

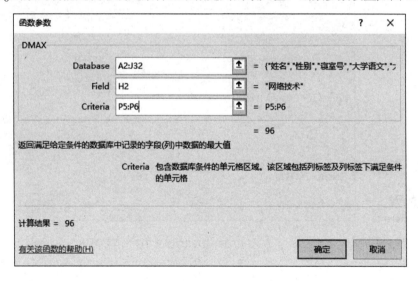

图 10-16　DMAX()"函数参数"对话框

（4）使用 DAVERAGE()函数统计排名前 10 名中男生的平均总分

DAVERAGE()函数的功能是求满足条件记录指定列的平均值，条件区域设置如图 10-17 所示，函数参数设置如图 10-18 所示。

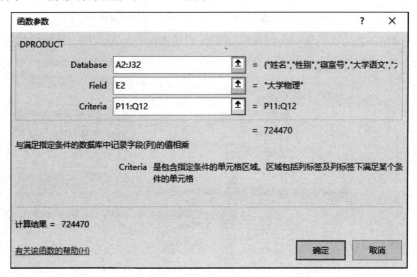

排名	性别
<=10	男

图 10-17　条件区域

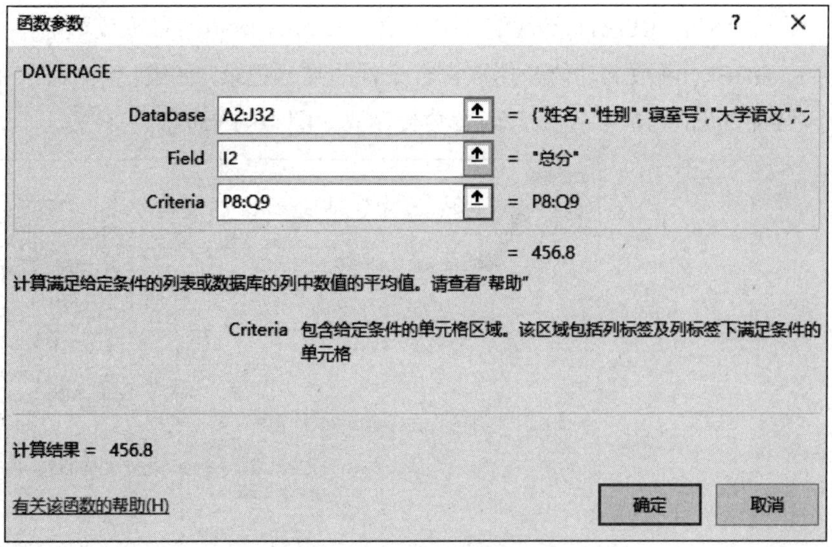

图 10-18　DAVERAGE() "函数参数" 对话框

（5）使用 DPRODUCT()函数统计排名前 5 名中的 1403 寝室学生大学物理成绩的乘积

DPRODUCT()函数的功能是将数据库中符合条件记录的特定字段中的值相乘。条件区域设置如图 10-19 所示，函数参数设置如图 10-20 所示。

排名	寝室号
<=5	1403

图 10-19　条件区域

图 10-20　DPRODUCT() "函数参数" 对话框

10.4　项目总结

本项目主要学习了 Excel 中数组公式的使用，介绍的函数有基本函数中计数函数 COUNT()、COUNTA()、COUNTIF()、COUNTBLANK()，求和函数 SUM()、SUMIF()，平均值函数 AVERAGE()，排序函数 RANK.EQ()，并进一步强化了绝对地址的应用。

项目中也介绍了数据库函数，用于对数据清单中满足条件的记录中指定列的数据进行分析，数据库函数具有相同的参数，求解的结果是由函数自身决定的。

10.5 课后练习

打开"采购情况表.xlsx"，完成如下设置，效果如图 10-21 所示。

（1）使用数组公式，计算采购情况表中每种产品的采购总额，将结果填到"采购总额"列中，采购总额的计算方法为：采购总额=单价*每盒数量*采购盒数。

（2）使用统计函数统计采购情况表中采购产品总记录数，填入 K2 单元格中。

（3）使用统计函数计算未知寿命产品类数，填入 K3 单元格中。

（4）计算不同种类的白炽灯平均单价，填入 K4 单元格中。

（5）使用 SUMIF()统计不同种类产品的总采购盒数和总采购金额。

（6）使用数据库函数及设置好的条件区域，计算商标为上海、寿命小于 100 瓦的白炽灯平均单价，并将结果填入在 G22 单元格中，保留 2 位小数。

（7）使用数据库函数及设置好的条件区域，计算产品为白炽灯、瓦数小于等于 100 瓦且大于等于 80 的品种数，将结果填入 G23 单元格中。

	A	B	C	D	E	F	G	H		I	J	K	L
1					采购情况表								
2	产品	瓦数	寿命(小时)	商标	单价	每盒数量	采购盒数	采购总额			产品总记录数	16	
3	白炽灯	200	3000	上海	4.50	4	3	54.00			未知寿命产品数	3	
4	氖管	100	2000	上海	2.00	15	2	60.00			白炽灯平均单价	1.27	
5	日光灯	60	3000	上海	2.00	10	5	100.00					
6	其他	10	8000	北京	0.80	25	6	120.00					
7	白炽灯	80	1000	上海	0.20	40	3	24.00			产品	总采购盒数	总采购金额
8	日光灯	100		上海	1.25	10	4	50.00			白炽灯	27	192.5
9	日光灯	200	3000	上海	2.50	15	0	0.00			氖管	7	240
10	其他	25		北京	0.50	10	3	15.00			日光灯	9	150
11	白炽灯	200	3000	北京	5.00	3	2	30.00			其他	9	135
12	氖管	100	2000	北京	1.80	20	5	180.00					
13	白炽灯	100		北京	0.25	10	5	12.50			条件区域1:		
14	白炽灯	10	800	上海	0.20	25	2	10.00			商标	产品	瓦数
15	白炽灯	60	1000	北京	0.15	25	0	0.00			上海	白炽灯	<100
16	白炽灯	80	1000	北京	0.20	30	2	12.00					
17	白炽灯	100	2000	上海	0.80	10	5	40.00					
18	白炽灯	40	1000	上海	0.10	20	5	10.00			条件区域2:		
19											产品	瓦数	瓦数
20											白炽灯	>=80	<=100
21				情况			计算结果						
22	商标为上海，瓦数小于100的白炽灯的平均单价：						0.17						
23	产品为白炽灯，其瓦数大于等于80且小于等于100的品种数：						4						

图 10-21 采购情况表完成后效果图

项目 11   空调使用情况信息统计表——查找引用函数

11.1   项目背景

小李作为某公司后勤部的一名职员，其任务之一是统计公司上一天各个空调的使用情况，计算各空调的使用时间，并根据不同的要求计算应缴的费用。

本例效果图如图 11-1 所示，小李需要完成的工作包括：

（1）统计各空调的输入功率。

（2）计算各空调的使用时间。

（3）计算各空调的耗电量。

（4）计算各空调的缴费。

（5）统计购置空调的年份是否为闰年。

	A	B	C	D	E	F	G	H	I	J	K	L	M	N
1		空调的输入功率												
2	功率（匹）	1	1.5	2										
3	输入功率（千瓦）	0.736	1.1	1.45										
4														
5					空调的使用记录及耗电量计算									
6	序号	空调名称	功率	输入功率	开启时间	结束时间	用电时间	耗电量	电费	收取电费A	收取电费B	收取电费C	购置年份	是否闰年
7	1	空调1	1	0.736	9:10:10	11:45:45	2:35:35	2.21	1.24	1.00	1.20	1.20	2018	平年
8	2	空调2	1.5	1.1	10:10:04	13:20:30	3:10:26	3.30	1.85	1.00	1.80	1.80	2019	平年
9	3	空调3	2	1.45	14:11:20	15:20:15	1:08:55	1.45	0.81	0.00	0.80	0.80	2020	闰年
10	4	空调4	1.5	1.1	9:11:55	20:20:00	11:08:05	12.10	6.78	6.00	6.70	6.80	2021	平年
11	5	空调5	2	1.45	9:12:30	15:59:45	6:47:15	10.15	5.68	5.00	5.60	5.70	2016	闰年
12	6	空调6	2	1.45	10:13:05	15:19:30	5:06:25	7.25	4.06	4.00	4.00	4.10	2019	平年
13	7	空调7	1.5	1.1	9:13:40	11:19:15	2:05:35	2.20	1.23	1.00	1.20	1.20	2020	闰年
14	8	空调8	1	0.736	7:14:15	23:19:00	16:04:45	11.78	6.59	6.00	6.50	6.50	2017	平年
15	9	空调9	2	1.45	9:14:50	16:58:45	7:43:55	11.60	6.50	6.00	6.40	6.50	2021	平年
16	10	空调10	1.5	1.1	14:15:25	16:18:30	2:03:05	2.20	1.23	1.00	1.20	1.20	2020	闰年

图 11-1   空调的使用记录效果图

11.2   项目分析

（1）HLOOKUP()函数

根据各空调的功率，利用 HLOOKUP()函数，从空调的输入功率表中查找相应的输入功率。

（2）计算用电时间

使用公式，根据各空调的开启时间和结束时间，计算各空调的实际用电时间。

（3）IF()函数、MINUTE()、HOUR()函数

根据用电时间，按照要求统计各空调的计费时间，结合空调的输入功率，算出各空调

的耗电量并计算电费。

（4）INT()函数、TRUNC()函数

根据不同的要求分别利用 INT()函数、TRUNC()函数计算收取费用 A、收取费用 B 和收取费用 C。

（5）AND()函数、OR()函数、MOD()函数、IF()函数

根据各空调的购置年份，利用各函数计算该年份是否为闰年。

11.3　项目实现

11.3.1　计算各个空调的输入功率

在空调的使用记录及耗电量计算表中，已知空调的功率，计算空调的输入功率。通过观察，在 Sheet1 工作表的 B2：D3 区域，已经明确给出了空调功率与输入功率的对应关系，可以利用 Excel 提供的横向查找函数 HLOOKUP()函数，根据 C7：C16 区域给定的值得到各个空调的输入功率。

单击 D7 单元格，单击"公式"选项卡的"插入函数"按钮，搜索到 HLOOKUP()函数，然后打开"函数参数"对话框。

HLOOKUP()函数共有 4 个参数。Lookup_value 表示需要在数据表第 1 行中进行查找的数值，在此我们设为 C7；Table_array 表示需要在其中查找数据的数据区域，在此我们设定为$B$2：$D$3（注意：此处区域需要绝对引用）；Row_index_num 表示在查的数据区域中待返回的匹配值的行序号，在此我们输入 2，表示返回所查找数据区域的第 2 行；Range_lookup 表示匹配效果，在此我们需要精确匹配，可输入 False 或者 0。函数参数设置如图 11-2 所示，单击"确定"按钮后即可得到 D7 单元格的输入功率，其余空调的输入功率可通过填充柄拖动完成。

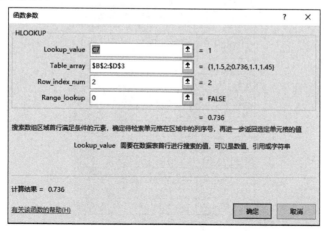

图 11-2　HLOOKUP()"函数参数"对话框

如果在使用查找函数时，想省去查找区域，即 B2：D3 部分，我们也可以使用数组参数的方法来替代。在 Table_array 中输入"{1,1.5,2;0.736,1.1,1.45}"即可，如图 11-3 所示。注意横向各参数间用逗号隔开，两行参数间用分号隔开，"{}"用来定义数组，如此即可省去查找区域。

HLOOKUP

Lookup_value	C7	↑	= 1
Table_array	{1,1.5,2;0.736,1.1,1.45}	↑	= {1,1.5,2;0.736,1.1,1.45}
Row_index_num	2	↑	= 2
Range_lookup	0	↑	= FALSE

= 0.736

搜索数组区域首行满足条件的元素，确定待检索单元格在区域中的列序号，再进一步返回选定单元格的值

Table_array 需要在其中搜索数据的文本、数据或逻辑值表。Table_array 可为区域或区域名的引用

图 11-3 数组参数设置图

VLOOKUP()函数为纵向查找函数，其使用方法与 HLOOKUP()函数相类似。

11.3.2 计算用电时间

用电时间为结束时间和开启时间之差，我们可以利用公式或者数组公式来完成计算。用数组公式方法时首先要选中 G7：G16 单元格，然后按"="键，编辑数组公式为 F7:F16-E7:E16，再按组合键 Ctrl+Shift+Enter 完成计算，结果如图 11-4 所示。

{=F7:F16-E7:E16}

空调的使用记录及耗电

E	F	G
开启时间	结束时间	用电时间
9:10:10	11:45:45	2:35:35
10:10:04	13:20:30	3:10:26
14:11:20	15:20:15	1:08:55
9:11:55	20:20:00	11:08:05
9:12:30	15:59:45	6:47:15
10:13:05	15:19:30	5:06:25
9:13:40	11:19:15	2:05:35
7:14:15	23:19:00	16:04:45
9:14:50	16:58:45	7:43:55
14:15:25	16:18:30	2:03:05

图 11-4 数组公式计算用电时间

11.3.3 计算耗电量

耗电量的计算公式为耗电量=输入功率×计费时间。计费时间的计算方法按小时计算，如果耗电时间超过 30 分钟，则要在原有小时数的基础上多算 1 个小时。

提取一个时间格式数值的分钟数可以使用时间函数 MINUTE()，提取一个时间格式数值的小时数可以使用时间函数 HOUR()。在此提取用电时间中的分钟数后再判断其是否超过 30，如果超过，则多算 1 个小时，否则按原有小时数进行计算，此时就需要用到逻辑判断函数 IF()。

单击 H7 单元格，单击"公式"选项卡的"插入函数"按钮，搜索到 IF()函数后打开"函数参数"对话框。IF()函数共有 3 个参数，Logical_test 表示逻辑判断，在此我们输入"MINUTE(G7)>30"；Value_if_true 表示逻辑判断为 True 时输出的值，在此我们输入"HOUR(G7)+1"；Value_if_false 表示逻辑判断为 False 时输出的值，在此我们输入"HOUR(G7)"。函数参数设置如图 11-5 所示，单击"确定"按钮后即可计算出该空调的计费时间。

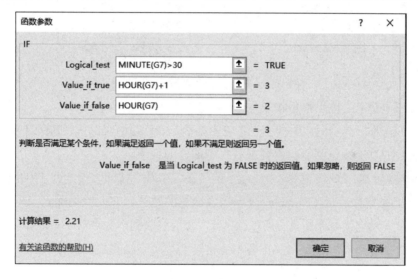

图 11-5 IF()"函数参数"对话框

将光标放入编辑栏中，在原有 IF()函数后面继续编辑，乘以空调的输入功率，回车后即可得到该空调的耗电量，如图 11-6 所示，其余耗电量的计算可通过填充柄完成，并通过单元格设置将结果保留 2 位小数。

```
=IF(MINUTE(G7)>30,HOUR(G7)+1,HOUR(G7))*D7
```

图 11-6 耗电量计算公式

11.3.4 收取电费的计算

规定电费为每度 0.56 元，电费=单价×耗电量。我们可使用公式或者数组公式完成电费的计算。

（1）收取电费 A：按照整元收取

如果我们在收取电费时按照整元收取，不计小数部分，可以使用 INT()函数，该函数的功能是将数值向下取整为最接近的整数。

单击 J7 单元格，单击"公式"选项卡的"插入函数"按钮，搜索到 INT()函数后，打开"函数参数"对话框，输入参数为 I7，如图 11-7 所示，单击"确定"按钮后完成计算，其下各单元格可通过填充柄完成。

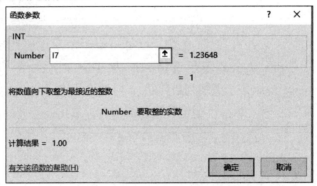

图 11-7　INT()"函数参数"对话框

（2）收取电费 B：按照整角收取

如果我们在收取电费时仅抹掉分（不管有多少），保留到角部分，则可以使用 TRUNC()函数，该函数的功能为返回以指定要求截去一部分的数值。

单击 K7 单元格，单击"公式"选项卡的"插入函数"按钮，搜索到 TRUNC()函数后，打开"函数参数"对话框，Number 表示需要截尾的数值，在此我们输入 I7；Num_digits 表示截取精度，我们需要保留角，所以输入 1，表示截取到小数点后 1 位，如图 11-8 所示。单击"确定"按钮后完成计算，其下各单元格可通过填充柄完成。

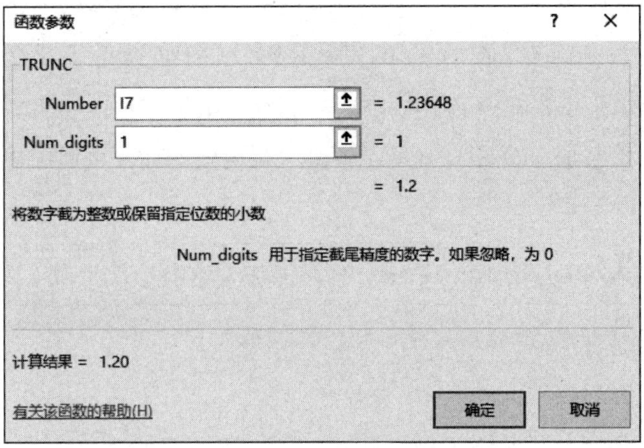

图 11-8　TRUNC()"函数参数"对话框

（3）收取电费 C：四舍五入到角收取

如果我们在收取电费时四舍五入到角收费，可以使用 ROUND()函数，该函数的功能为返回按指定位数进行四舍五入的数值。

函数可以与数组公式结合使用，选中 L7：L16 单元格，单击"公式"选项卡的"插入函数"按钮，搜索到 ROUND()函数后，打开"函数参数"对话框，Number 表示需要四舍五入的数值，在此我们输入 I7；Num_digits 表示舍取精度，输入 1 表示四舍五入到小数点后 1 位，如图 11-9 所示。再按组合键 Ctrl+Shift+Enter 完成计算，效果如图 11-10 所示。

图 11-9　ROUND()"函数参数"对话框

$$\{=\text{ROUND(I7:I16,1)}\}$$

图 11-10　使用数组后的函数

11.3.5　判断是否为闰年

根据 M 列中所提供的各空调购置年份，判断该年份是否为闰年。闰年的定义为：能被 4 整除而不能被 100 整除，或者能被 400 整除的年份。

（1）求余函数 MOD()

MOD()函数的功能为求两个数相除的余数，其参数 Number 表示被除数，Divisor 表示除数。在此我们可利用余数是否为 0 来判断是否整除。如"被 4 整除"，可在"函数参数"对话框中分别输入 M7 和 4，如图 11-11 所示，即可得出 M7 除以 4 的余数。然后判断该余数是否等于 0，表达式为"Mod(M7,4)=0"。其余两个判断是否整除表达式分别为"Mod(M7,100)<>0""Mod(M7,400)=0"。

（2）逻辑"与"函数 AND()

AND()函数的功能为所有参数的逻辑值为真时，返回 True，只要有一个参数的逻辑值为假，即返回 False。在此要判断"被 4 整除而不能被 100 整除"，两个条件需要同时满足时，可使用该函数，函数参数设置如图 11-12 所示。

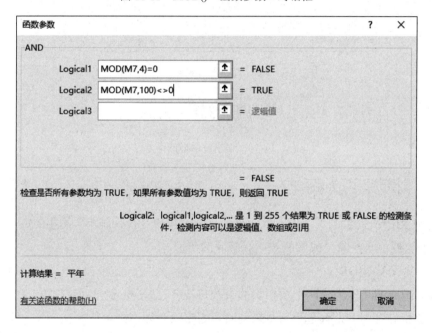

图 11-11　MOD() "函数参数" 对话框

图 11-12　AND() "函数参数" 对话框

（3）逻辑 "或" 函数 OR()

OR()函数的功能为在其参数组中，任何一个参数逻辑值为 True，即返回 True；只有当所有参数的逻辑值为 False，才返回 False。在此要判断 "能被 4 整除而不能被 100 整除，或者能被 400 整除"，两个条件只需要满足一个时，可使用该函数，函数参数如图 11-13 所示，表达式为 "OR(AND(MOD(M7,4)=0,MOD(M7,100)<>0),MOD(M7,400)=0)"。

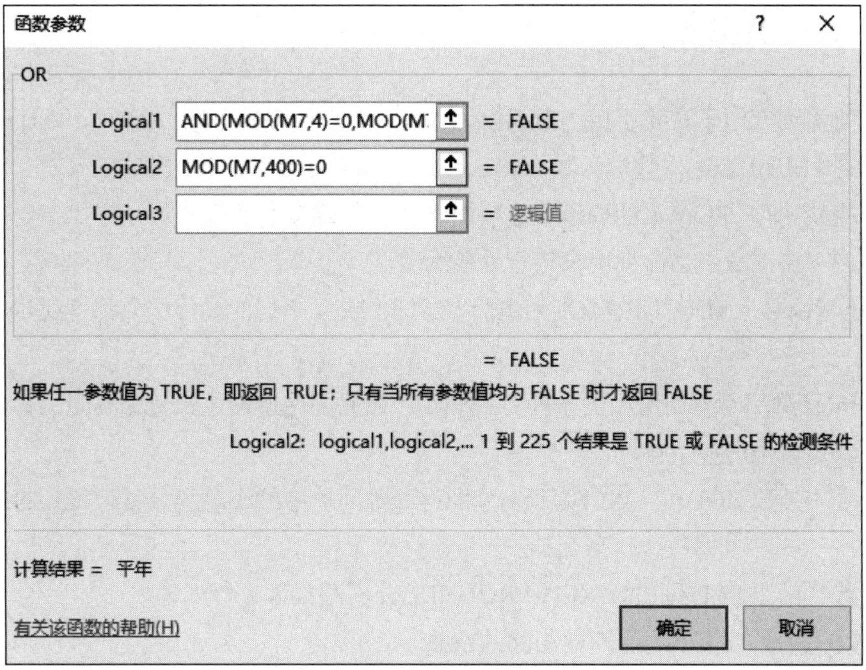

图 11-13　OR()"函数参数"对话框

（4）将逻辑值转化为中文

逻辑函数输出的值均为逻辑值"True"或者"False"，在此需将该值转化为"闰年"或者"平年"，我们可以在 OR()函数外嵌套 IF()函数进行转化。将 OR()函数的输出结果作为 IF()函数的逻辑判断，如果成立则输出"闰年"，否则为"平年"，如图 11-14 所示，最终判断是否闰年的表达式为"IF(OR(AND(MOD(M7,4)=0,MOD(M7,100)<>0),MOD(M7,400)=0),"闰年","平年")"。

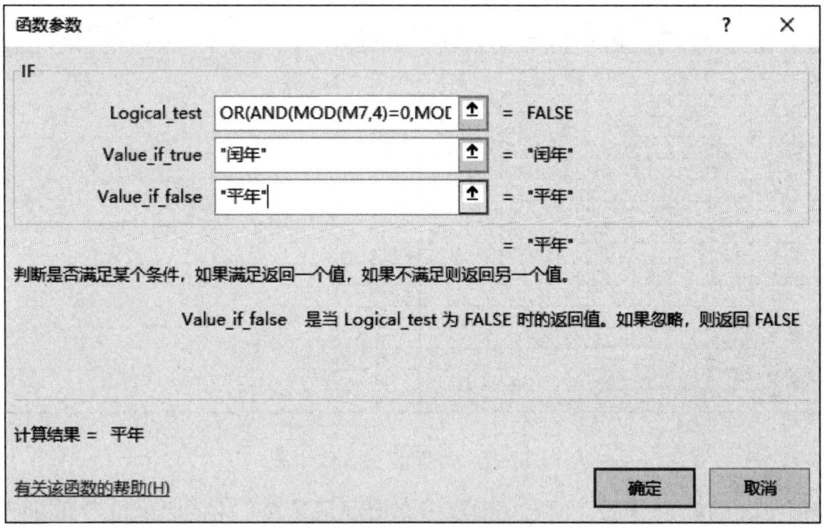

图 11-14　判断闰年 IF()"函数参数"对话框

11.4 项目总结

本项目主要介绍了查找引用函数 HLOOKUP()，逻辑函数 IF()、AND()、OR()，时间函数 HOUR()、MINUTE()，数学函数 INT()、TRUNC()、ROUND()、MOD()。

（1）查找引用 HLOOKUP()函数主要用于在表格或数值数组的首行查找指定的数值，并由此返回表格或数组当前列中指定行处的数值。

（2）逻辑函数 AND()、OR()分别为逻辑"与"和"或"，它们的输出结果都是逻辑值"True"或"False"。

（3）If()函数用于判断给出的条件是否满足，如果满足返回逻辑值为真时的参数值，否则返回逻辑值为假的参数值。

（4）时间函数 HOUR()、MINUTE()分别返回时间值中的小时和分钟，得到的结果应该为数值。

（5）数学函数 INT()、TRUNC()、ROUND()分别对数值进行处理。

（6）MOD()函数用于返回两数相除的余数。

11.5 课后练习

打开"停车收费表.xlsx"，完成如下设置，效果如图 11-15 所示。

	A	B	C	D	E	F	G	H	I	J
1	停车价目表									
2	小汽车	5								
3	中客车	8								
4	大客车	10								
5										
6										
7				停车情况记录表					统计情况	统计结果
8	车牌号	车型	单价	入库时间	出库时间	停放时间	应付金额		停车费用大于等于40元的停车记录条数：	4
9	浙A12345	小汽车	5	8:12:25	11:15:35	3:03:10	15		最高的停车费用：	50
10	浙A32581	大客车	10	8:34:12	9:32:45	0:58:33	10			
11	浙A21584	中客车	8	9:00:36	15:06:14	6:05:38	48			
12	浙A66871	小汽车	5	9:30:49	15:13:48	5:42:59	30			
13	浙A51271	中客车	8	9:49:23	10:16:25	0:27:02	8			
14	浙A54844	大客车	10	10:32:58	12:45:23	2:12:25	20			
15	浙A56894	小汽车	5	10:56:23	11:05:11	0:08:48	5			
16	浙A33221	中客车	8	11:03:00	13:25:45	2:22:45	24			
17	浙A68721	小汽车	5	11:37:26	14:19:20	2:41:54	15			
18	浙A33547	大客车	10	12:25:39	14:54:33	2:28:54	30			
19	浙A87412	中客车	8	13:15:06	17:03:00	3:47:54	32			
20	浙A52485	小汽车	5	13:48:35	15:29:37	1:41:02	10			
21	浙A45742	大客车	10	14:54:33	17:58:48	3:04:15	30			
22	浙A55711	中客车	8	14:59:25	16:25:25	1:26:00	16			
23	浙A78546	小汽车	5	15:05:03	16:24:41	1:19:38	10			
24	浙A33551	中客车	8	15:13:48	20:54:28	5:40:40	48			
25	浙A56587	小汽车	5	15:35:42	21:36:14	6:00:32	30			

图 11-15 停车收费表效果图

（1）使用 VLOOKUP 函数，对 Sheet1 "停车情况记录表"中的"单价"列进行自动填充。

（2）计算汽车在停车库中的停放时间，将结果保存在"停车情况记录表"中的"停放时间"列中。

（3）使用函数公式，计算停车费用，要求：根据停放时间的长短计算停车费用，将计算结果填入到"应付金额"列中。注意：

①停车按小时收费，对于不满 1 个小时的按照 1 个小时收费；

②对于满整点小时数 15 分钟的多累计 1 个小时。

（例如，1 小时 23 分，将以 2 小时计费）

（4）使用统计函数，对 Sheet1 中的"停车情况记录表"根据下列条件进行统计，要求：

①统计停车费用大于等于 40 元的停车记录条数。

②统计最高的停车费用。

项目 12　招聘报名统计表和财务函数

12.1　项目背景

小韦是某公司人事部的一名职员，现公司正处于规模扩大时期，各部门需要招聘新员工。小韦需要统计应聘者的各类信息。而小孟是公司财务部一名员工，日常工作需要对公司一些账目进行处理。

本例效果图如图 12-1 和图 12-2 所示，小韦和小孟需要完成的工作包括：

编号	新编号A	新编号B	姓名	民族	籍贯	身份证号码	出生年月日	生肖	年龄	学历	毕业院校	应聘职位		文本1	文本2	返回结果
							公司员工人事信息表									
pa101	pa0101	pa10B	范 芳	汉族	湖北	440923198504014038	1985年04月01日	牛	36	本科	华中师范大学	职员		keep every	keep every	FALSE
pa102	pa0102	pa102	蒲海娟	汉族	河北	360723198809072027	1988年09月07日	龙	33	本科	安徽大学	职员				
pa103	pa0103	pa103	宋沛薇	汉族	安徽	320481198504256212	1985年04月25日	牛	36	硕士	四川大学	总经理		字符串1	字符串2	起始位置
pa104	pa0104	pa104	赵利军	回族	广东	320223197901203561	1979年01月20日	羊	42	本科	中国人民大学	职员		totally ha	lo	26
pa105	pa0105	pa105	杨 奥	汉族	湖北	320106197910190465	1979年10月19日	羊	42	本科	中国人名大学	经理助理				
pa106	pa0106	pa106	王继芹	汉族	河南	321323198506030024	1985年06月03日	牛	36	硕士	清华大学	副总经理				
pa107	pa0107	pa107	杨远锋	汉族	河南	321302198502058810	1985年02月05日	牛	36	本科	首都师范大学	职员				
pa108	pa0108	pa108	王旭东	汉族	河北	321324198601180107	1986年01月18日	虎	35	本科	北方交通大学	职员				
pa109	pa0109	pa109	王兴华	蒙族	辽宁	321323198809105003	1988年09月10日	龙	33	本科	苏州大学	职员				
pa110	pa0110	pa1B0	冯 丽	汉族	辽宁	420117198608090022	1986年08月09日	虎	35	本科	西安电子科技大学	经理助理				
pa111	pa0111	pa1B1	旦艳丽	汉族	广东	321324198401130041	1984年01月13日	鼠	37	硕士	河北大学	职员				
pa112	pa0112	pa1B2	苏晓强	汉族	安徽	320402198502073732	1985年04月20日	牛	36	本科	中国人民大学	职员				
pa113	pa0113	pa1B3	王 辉	汉族	山东	320402198304303429	1983年04月30日	猪	38	本科	武汉大学	职员				
pa114	pa0114	pa1B4	李鲜艳	汉族	福建	320401198607152529	1986年07月15日	虎	35	本科	山东大学	职员				
pa115	pa0115	pa1B5	吴 金	汉族	山西	320723198204021422	1982年04月02日	狗	39	本科	安徽大学	经理助理				
pa116	pa0116	pa1B6	张文安	回族	安徽	320404198012084458	1980年12月08日	猴	41	本科	南昌大学	职员				
pa117	pa0117	pa1B7	陈 杰	汉族	江苏	360121197207216417	1972年07月21日	鼠	49	硕士	北京电子科技大学	经理助理				
pa118	pa0118	pa1B8	石孟平	汉族	天津	360103197203074121	1972年03月07日	鼠	49	硕士	扬州大学	职员				

图 12-1　公司员工人事信息表效果图

	A	B	C	D	E	F	G
1	贷款金额：	500000				按年偿还贷款金额（年初）	¥-111,979.43
2	贷款年限：	5				按年偿还贷款金额（年末）	¥-118,698.20
3	年利息：	6%				按月偿还贷款金额（月初）	¥-9,618.31
4						按月偿还贷款金额（月末）	¥-9,666.40
5							
6						第一个月贷利息金额：	¥-2,500.00
7						第二个月贷利息金额：	¥-2,464.17
8						第三个月贷利息金额：	¥-2,428.16
9						第四个月贷利息金额：	¥-2,391.97
10						第五个月贷利息金额：	¥-2,355.59
11						第六个月贷利息金额：	¥-2,319.04
13	先投资金额	年利率	每年追加	追加年数		5年后得到的金额：	¥697,298.25
14	-500000	6%	-5000	5			
16	每年投资金额	年利率	年限			预计投资金额：	¥75,281.53
17	-15000	15%	10				
19	贷款总额	年限	每月还款额			月利率：	0.31%
20	1000000	10	-9000			年利率：	3.46%
22	设备金额	资产残值	使用年限			每日折旧费：	¥11.51
23	50000	8000	10			每月折旧费：	¥350.00
24						每年折旧费：	¥4,200.00

图 12-2　小孟处理财务效果图

（1）对原有编号进行升级。

（2）统计应聘人员的出生年月日。

（3）计算应聘人员的年龄和生肖属性。

（4）对文本进行处理。

（5）对各类财务事宜进行处理。

12.2　项目分析

（1）REPLACE()函数、SUBSTITUTE()函数

根据不同的要求，对原有编号进行升级。

（2）CONCATENATE()函数、MID()函数

按照"2013 年 03 月 10 日"格式统计应聘人员的出生年月日。

（3）YEAR()函数、CHOOSE()函数、MOD()函数、TODAY()函数

统计每个应聘人员的生肖属性和年龄。

（4）EXACT()函数、SEARCH()函数

判断两个文本是否一致和字符串查找。

（5）PMT()函数、IPMT()函数、FV()函数、PV()函数、RATE()函数、SLN()函数

根据相应的要求，分别计算贷款偿还金额、利息金额、投资未来收益值、所需投资金额、年金利率、折旧费。

12.3　项目实现

12.3.1　员工编号升级

原有员工编号如公司员工人事信息表 A 列所示，现需要对这些编号按照不同的要求进行升级处理。

（1）第 3 位添加"0"

如果要在原有编号的第 3 位上添加数字"0"，我们可以使用 REPLACE()函数。该函数的功能为返回字符串，其中指定长度的某子字符串被替换为另一个子字符串。

在 B3 单元格中输入"=replace()"，再单击查询栏左边的 *f* 按钮，打开 REPLACE() "函数参数"对话框。该函数有 4 个参数，Old_text 表示需要进行替换处理的字符串，在此我们输入 A3；Start_num 表示需替换字符串在原字符串中的起始位置，在此我们输入 3；Num_chars 表示需要替换的字符串的长度，由于本例中是插入一个数字，无替换原有内容，所以输入 0；New_text 表示新字符串，在此我们输入 0，如图 12-3 所示，单击"确定"按

钮，可在单元格 B3 中完成对 A3 单元格的替换，其余单元格可使用填充柄完成。

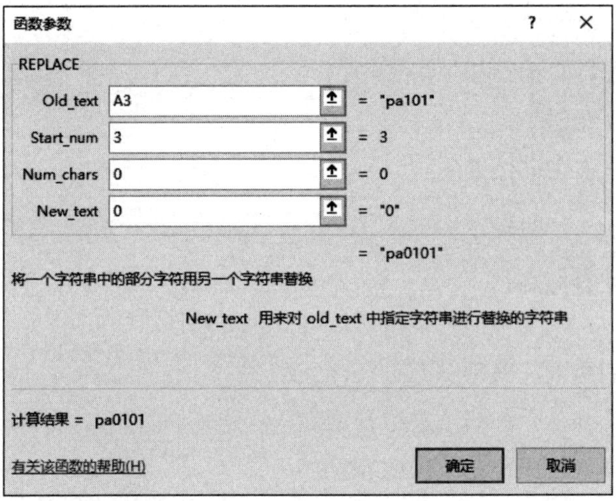

图 12-3　REPLACE()"函数参数"对话框

（2）第 2 个"1"替换为"B"

如果要将原有编号的第 2 个"1"使用字母"B"来代替，我们可以使用 SUBSTITUTE() 函数。该函数的功能为在某一文本字符串中替换指定的文本。

在 C3 单元格中输入"=substitute ()"，再单击查询栏左边的 f_x 按钮，打开 SUBSTITUTE() "函数参数"对话框。该函数有 4 个参数，Text 表示需要替换的字符串，在此我们选择 A3； Old_text 表示需要替换的旧文本，在此我们输入 1；New_text 表示用于替换 Old_text 的文本， 在此我们输入 B；Instance_num 为一数值，用来指定以 New_text 替换第几次出现的 Old_text。 如果指定了 Instance_num，则只有满足要求的 Old_text 被替换；否则将用 New_text 替换 Text 中出现的所有 Old_text，本例中输入 2，如图 12-4 所示，单击"确定"按钮，可在单 元格 C3 中完成对 A3 单元格的替换，其余单元格可使用填充柄完成。

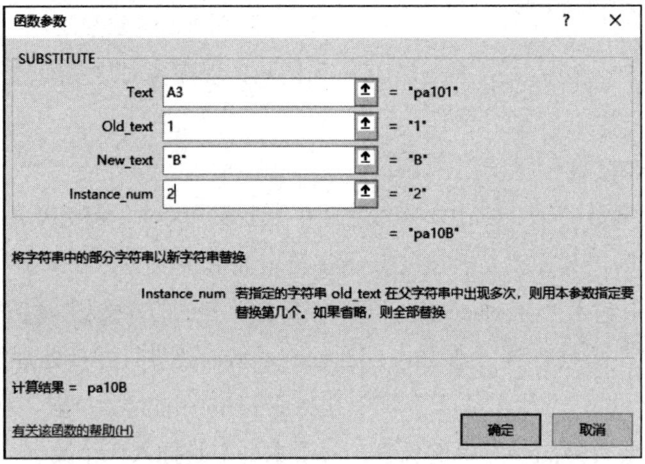

图 12- 4　SUBSTITUTE()"函数参数"对话框

12.3.2　提取组合员工的出生年月日

已知各员工的身份证号码，在身份证号码的第 7 位至第 14 位中的数字分别代表了每个人的出生年月日，现需要对年月日分别提取并按照"2013 年 03 月 10 日"格式填入出生年月日字段中。

（1）文本提取函数 MID()

MID()函数的功能为从字符串中提取指定长度的字符。该函数有 3 个参数，Text 表示需要进行提取的字符串；Start_num 表示提取的起始位置；Num_chars 表示提取的位数。我们先提取出生年份，即从身份证号码的第 7 位开始共提取 4 位，函数参数设置如图 12-5 所示，表达式为"=MID(G3,7,4)"。提取月和日与之相类似。

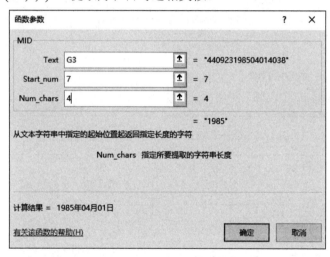

图 12-5　MID()函数提取年份

（2）文本合并函数 CONCATENATE()

CONCATENATE()函数可将最多 255 个文本字符串合并为一个文本字符串。在本例中，根据要求，我们可将"2013 年 3 月 10 日"格式分为 6 个部分，分别为提取的数字年、月、日及中文"年""月""日"。

在 H3 单元格中输入"=concatenate()"，再单击查询栏左边的 *fx* 按钮，打开 CONCATENATE()"函数参数"对话框。按序输入提取年、月、日和中文"年""月""日"，如图 12- 6 所示，单击"确定"按钮完成，其余单元格可使用填充柄完成。

12.3.3　统计应聘人员的生肖

假设公历年份和农历年份无交叉月份，如 2021 年即按照牛年计算。已知公元元年生肖为"鸡"年，计算各应聘人员的生肖属性。

要提取各应聘人员的出生年份，我们可以使用提取年份函数 YEAR()函数，该函数的功能为提取一个日期数值中的年份。如要提取第一位应聘人员的出生年份，只需在 YEAR() 函数的参数中输入该人员的出生年月日所在单元格地址，如图 12-7 所示。

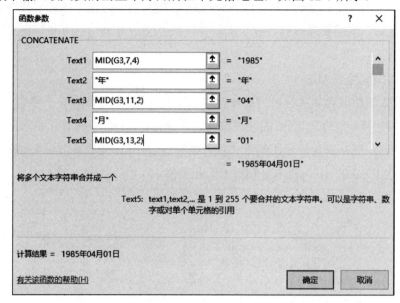

图 12-6　CONCATENATE()"函数参数"对话框

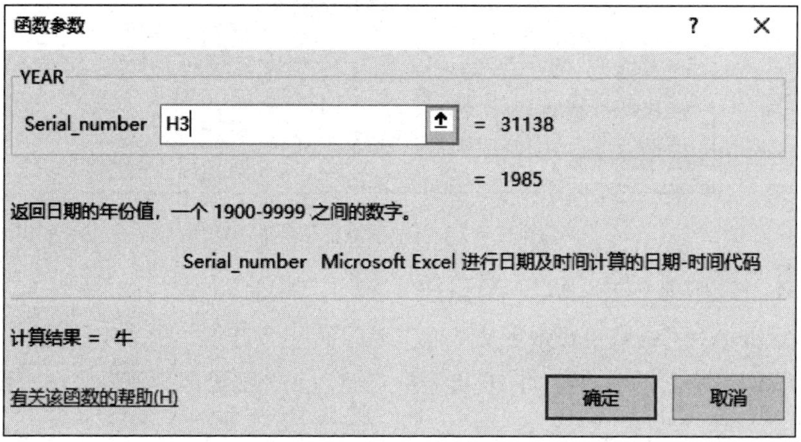

图 12-7　YEAR()"函数参数"对话框

　　Excel 中 CHOOSE()函数的功能为从参数列表中选择并返回一个值。该函数中 Index_num 为必要参数，可以是数值表达式或字段，它的运算结果是一个数值，且是一个界于 1 和 254 之间的数字。Value1，Value2，…中 Value1 是必需的，后续值是可选的。

　　在此我们将 Index_num 参数使用年份与 12 的余数来表示，由于该值不能为 0，所以在取余后加 1，因此在 Value1 中设定值也要提前一年为"猴"，Value2～Value12 值以此类推分别为"鸡"～"羊"，函数参数设置如图 12-8 所示，表达式为"=CHOOSE(MOD(YEAR (H3),12)+1,"猴","鸡","狗","猪","鼠","牛","虎","兔","龙","蛇","马","羊")"。

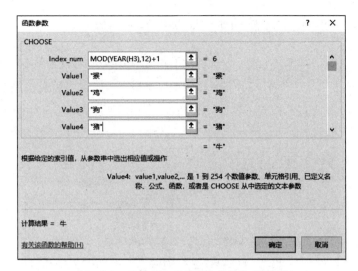

图 12-8　CHOOSE() "函数参数" 对话框

12.3.4　统计应聘人员的年龄

年龄的计算可使用当前日期的年份与出生年份的相差值来统计。

函数 TODAY()无参数，返回当前日期，再使用 YEAR()函数提取当前日期的年份，如图 12-9 所示，表达式为 "=YEAR(TODAY())"。

图 12-9　计算当前年份

应聘人员的出生年份可使用 MID()函数在身份证号码中提取，表达式为 "=MID(G3,7,4)"，也可以使用 YEAR()函数在出生年月日中提取，表达式为 "=YEAR(H3)"。

然后将当年年份与出生年份相减，即为应聘人员的年龄。按照出生年月计算方法的不同，表达式为 "=YEAR(TODAY())-MID(G3,7,4)" 或者 "=YEAR(TODAY())-YEAR(H3)"。完成以上编辑后按 Enter 键，单元格内容将以日期或者文本格式显示，我们可以右击单元格，在弹出的快捷菜单中选择 "设置单元格格式"，在打开的对话框的 "数字" 选项卡中将单元格格式设置为常规即可。

12.3.5　比较 O3 和 P3 单元格内容是否一致

要比较两个文本字符串是否完全一致，我们可以使用文本比较函数 EXACT()。EXACT()函数的参数 Text1 和 Text2 分别表示需要比较的文本字符串，也可以是引用单元格中的文本字符串，如果两个参数完全相同，返回 True 值，否则返回 False 值，如图 12-10 所示。

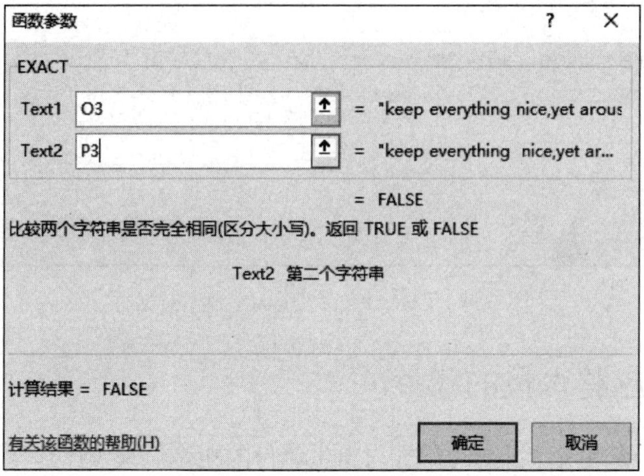

图 12-10　EXACT()"函数参数"对话框

12.3.6　在 O6 字符串中查找 P6

要在 O6 字符串中查找 P6，我们可使用文本查找函数 SEARCH()或 FIND()函数。参数 Find_text 表示要查找的文本字符串，在此我们输入 P6；Within_text 表示要在哪一个字符串中查找，在此我们输入 O6；Start_num 表示查找的起始位置，如果忽略，则表示从左边第一位开始查找，在此我们可以忽略，如图 12-11 所示。

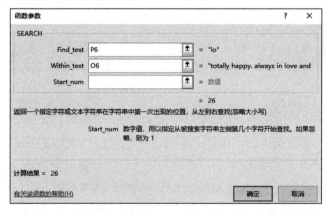

图 12-11　SEARCH()"函数参数"对话框

FIND()函数和 SEARCH()函数的区别在于：SEARCH()函数查找时不区分大小写，要查找的字符串中可包含通配符；FIND()函数要区分大小写并且不允许使用通配符。

12.3.7　各类财务函数的使用

财务函数是财务计算和财务分析的专业工具，有了这些函数，我们可以快捷方便地解决复杂的财务运算，在提高财务工作效率的同时，更有效地保障了财务数据计算的准确性。

（1）使用 PMT()函数计算贷款按年、月的偿还金额

现公司决定向银行贷款 50 万元，年利息为 6%，贷款年限为 5 年，计算贷款按年偿还和按月偿还的金额各是多少。

在此我们可以使用 PMT()函数来计算，该函数的功能为基于固定利率及等额分期付款方式，返回贷款的每期付款额。其中参数 Rate 表示贷款利率；Nper 表示该项贷款的付款总期数；Pv 表示现值，或一系列未来付款的当前值的累积和，也称为本金；Fv 为未来值，或在最后一次付款后希望得到的现金余额，如果省略 Fv，则假设其值为 0，也就是一笔贷款的未来值为 0；Type 为数字 0 或 1，用以指定各期的付款时间是在期初还是期末，1 代表期初，不输入或输入 0 代表期末。

在此计算按年（月）偿还贷款金额初（末）期的金额，我们可根据要求设置参数。按年偿还贷款金额（年初）的参数如图 12-12 所示，按月偿还贷款金额（月末）的参数如图 12-13 所示。

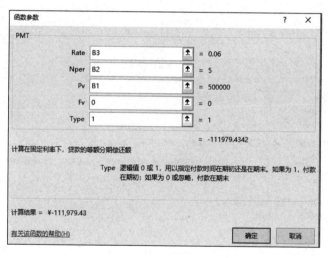

图 12-12　按年偿还贷款金额（年初）"函数参数"对话框

PMT()函数也可以用来计算年金计划。例如要计算在固定利率 4%下，连续 3 年每个月存多少钱，才能最终得到 10 万元。输入表达式为"=PMT(4%/12,3*12,0,100000)"，则返回值"¥−2,619.07"，表示每个月需存款 2,619.07 元。

（2）使用 IPMT()函数计算贷款指定期数应付的利息额

在上例中要计算前 6 个月每个月应付的利息金额为多少元，我们可以使用 IPMT()函数，该函数为基于固定利率及等额分期付款方式，返回指定期数内对贷款的利息偿还额。其中参数 Per 表示用于计算期利息数额的期数，必须在 1 到总期数之间，其他参数与 PMT()函

数类似。如要计算第一个月贷款利息金额，其函数参数设置如图 12-14 所示，其他月份只要修改 Per 参数中的期数即可。

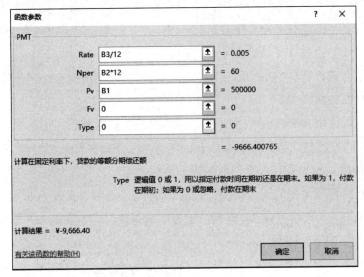

图 12-13　按月偿还贷款金额（月末）"函数参数"对话框

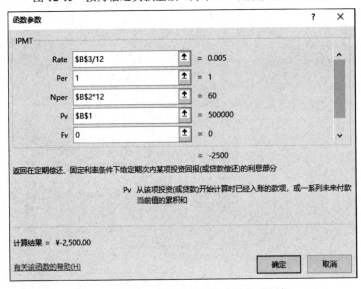

图 12-14　IPMT()函数"函数参数"对话框

（3）使用 FV()函数计算投资未来收益值

现公司为某项工程进行投资，先投资 500 000 元，年利率 6%，并在接下来的 5 年中每年追加投资 5000 元，那么 5 年后应得到的金额是多少？

在此可利用 FV()函数，该函数的功能为基于固定利率及等额分期付款方式，返回某项投资的未来值。参数 Pmt 表示各期所应追加的金额，其数值在整个年金期保持不变。函数参数设置如图 12-15 所示，返回"￥697,298.25"，表示最终得到金额。

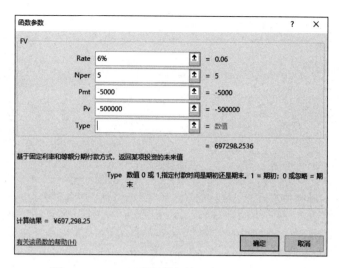

图 12-15　FV()函数计算投资 5 年后得到的金额

（4）使用 PV()函数计算某项投资所需要的金额

公司现对某项目进行投资，预计每年投资 1.5 万元，共投资 10 年，其回报年利率为 15%，那么预计共投资多少金额？

在此我们可以使用 PV()函数，该函数功能为返回投资的现值，现值为一系列未来付款的当前值的累积和，函数参数与前面几种函数相类似。根据要求对参数设置，如图 12-16 所示，返回"￥75,281.53"，表示投资金额。

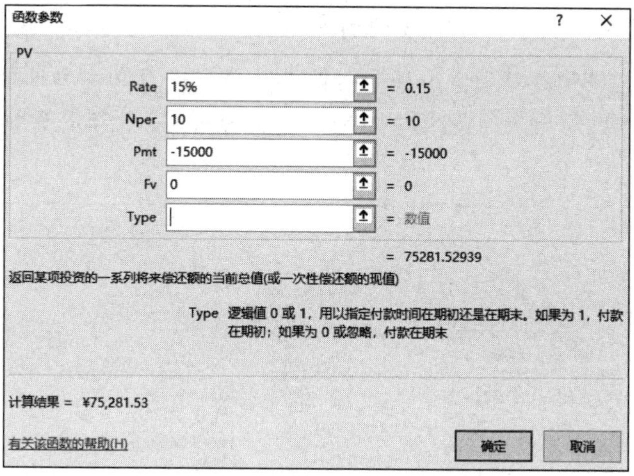

图 12-16　PV()"函数参数"对话框

（5）使用 RATE()函数计算年金利率

现公司扩建厂房，申请了 10 年期贷款 100 万元，每月还款 1 万元，那么贷款的月利率和年利率各是多少？

在此我们可以使用 RATE()函数，该函数的功能为返回未来款项的各期利率。其中前几个参数与其他财务函数类似。根据要求对参数进行设置，如图 12-17 所示，返回月利率约

为 "0.31%"，类似的方法可以计算出年利率。

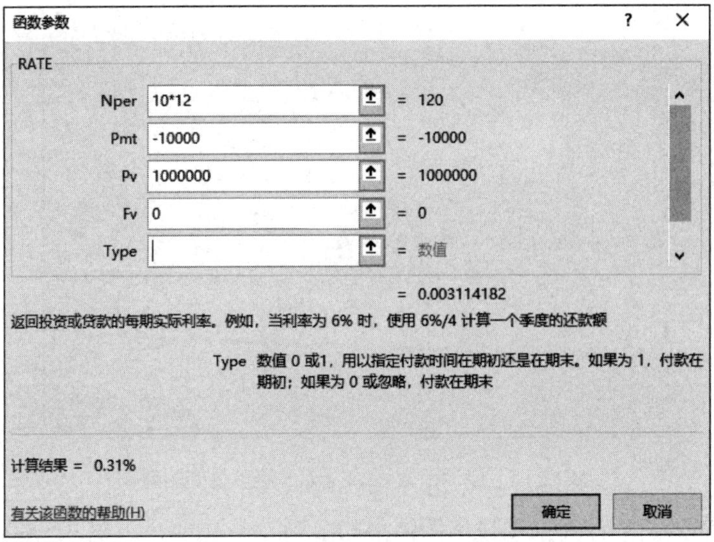

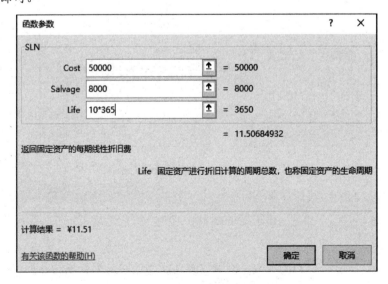

图 12-17　RATE() "函数参数" 对话框

（6）使用 SLN()函数计算设备每日、每月、每年的折旧费

公司现有一台设备价值 5 万元，使用 10 年后估计资产残值为 8000 元，那么每天、每月、每年该设备的折旧费为多少？

在此我们可以使用 SLN()函数，该函数的功能为返回某资产在一个期间中的线性折旧费。参数 Cost 表示资产原值；Salvage 表示资产残值；Life 表示折旧的周期总数。计算每天的折旧费，在资产原值和残值中分别输入 50000、8000，在折旧周期总数中输入 10*365，如图 12-18 所示，返回每天折旧费约为 11.51 元。计算每月、每年的折旧费只要通过修改折旧周期总数即可。

图 12-18　SLN()函数计算每天折旧费

12.4　项目总结

本项目主要介绍了文本函数 REPLACE()、SUBSTITUTE()、CONCATENATE()、MID()、SEARCH()、EXACT()，时间函数 YEAR()、TODAY()，查找引用函数 CHOOSE()，数学函数 MOD()，财务函数 PMT()、IPMT()、FV()、PV()、RATE()、SLN()。

（1）如果需要在某一文本字符串中替换指定的文本，请使用函数 SUBSTITUTE()；如果需要在某一文本字符串中替换指定位置处的任意文本，请使用函数 REPLACE()。

（2）TODAY()函数虽然没有参数，但如果自己编辑的话，注意括号不能省略。

（3）CHOOSE()函数中注意 Index_num 参数不能为 0，所以在本项目中取余后加 1。

（4）各财务函数的使用中要注意对利率、周期根据不同的要求进行换算。

12.5　课后练习

（1）使用 REPLACE()函数，在 Sheet1 中将原学号的前 4 位改为"2021"。

（2）使用文本函数，统计每个学生的姓氏。

（3）使用时间函数，对 Sheet1 中学生的"年龄"列进行计算。

（4）利用财务函数，根据以下要求对 Sheet2 中的数据进行计算：

①根据"投资情况表 1"中的数据，计算 10 年以后得到的金额，并将结果填入到 B7 单元格中。

②根据"投资情况表 2"中的数据，计算预计投资金额，并将结果填入到 E7 单元格中。

项目 13　学生成绩表了解高级函数

13.1　项目背景

学习 Excel，除了掌握基本常用函数以外，要想有更多的技巧解决问题，就必须了解一些高级函数，才能有所突破。

13.2　项目分析

Excel 有几个高级函数值得大家学习掌握，诸如 MMULT 函数、FREQUENCY 函数、SUBTOTAL 函数、SUMPRODUCT 函数等，它们看似参数简单，但是结合其他函数却能变化无穷。

13.3　项目实现

13.3.1　运用函数 MMULT 求每个人的总分

计算每个学生的总分，选择 G3:G30 单元格，输入数组公式{=MMULT(D3:F30,{1;1;1})}，按 Ctrl+Shift+Enter 组合键完成计算。这里第 1 个参数 28 行 3 列矩阵，由于 MMULT()函数要求第 1 个参数的列数必须要和第 2 个参数的行数保持一致，那么我们就要构建第 2 个参数为 3 行 1 列的常量数组{1;1;1}。在 Excel 中，用"；"隔开表示行，如果是列就用"，"隔开，如{1,1,1}。得到的结果是一个新的数组，这个新的数组行数等于第 1 个参数的行数，列数等于第 2 个参数的列数，这里结果为 28 行 1 列的新数组，填入 G3:G30 单元格，如图 13-1 所示。

这个函数的运算过程为：第 1 个参数的每 m 行里的每个单元格和第 2 个参数每 n 列里的每个单元格对应相乘再相加，得到第 m 行第 n 列单元格的值，如图 13-2 所示。

使用 MMULT()函数需要注意以下 5 点：

（1）两个参数可以是单元格区域引用，也可以是常量数组。

（2）第 1 个参数的列数必须要和第 2 个参数的行数保持一致，即第一个参数是 $M*X$ 矩阵，第 2 个参数就应该是 $X*N$ 矩阵。

（3）两个参数里的值只支持数值型数字，不支持文本型，逻辑值（True、False）。

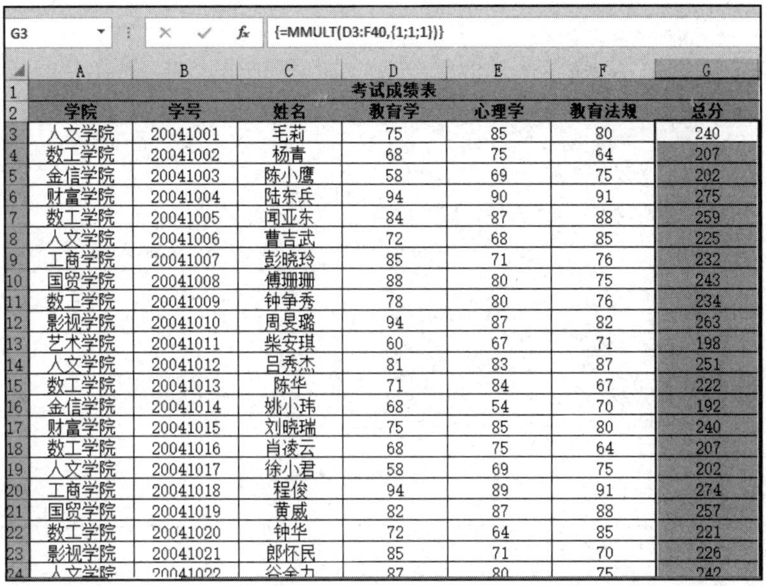

图 13-1 使用 MMULT()数组公式计算每个人的总分

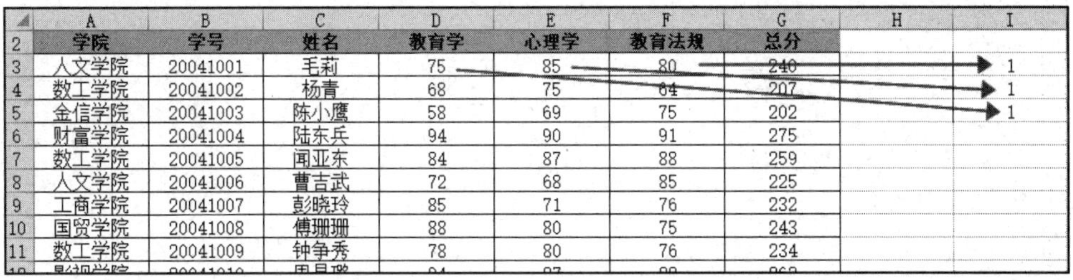

图 13-2 MMULT()数组公式计算原理示意图

（4）MMULT 函数得到的结果是一个新的数组，这个新的数组行数是第 1 个参数的行数；这个新的数组的列数是第 2 个参数的列数，即 $M*X$ 矩阵与 $X*N$ 矩阵的乘积为 $M*N$ 矩阵。

（5）运算原理：第 1 个参数的每行里的每个单元格和第 2 个参数每一列里的每个单元格对应相乘再相加。

这里，我们可以对公式进行优化改造，ROW()函数可以获得行数，而且任何数的 0 次方都等于 1，要获得{1;1;1}可以用=ROW(1:3)^0。

13.3.2 运用MMULT函数、LARGE函数嵌套返回总分前10名的分数

利用 LARGE 函数，可以返回数组中第 N 大数字，这里我们利用数组公式返回成绩前 10 名的分数。

选择 J3：J12 单元格，输入数组公式=LARGE(MMULT($D$3:$F$40,row(1:3)^0),row(1:10))，按 Ctrl+Shift+Enter 组合键完成计算，如图 13-3、图 13-4 所示。

图 13-3　LARGE 函数参数图

	A	B	C	D	E	F	G	H	I	
1				考试成绩表						
2	学院	学号	姓名	教育学	心理学	教育法规	总分			总分前10名成绩
3	人文学院	20041001	毛莉	75	85	80	240			275
4	数工学院	20041002	杨青	68	75	64	207			274
5	金信学院	20041003	陈小鹰	58	69	75	202			272
6	财富学院	20041004	陆东兵	94	90	91	275			263
7	数工学院	20041005	周亚东	84	87	88	259			259
8	人文学院	20041006	曹吉武	72	68	85	225			258
9	工商学院	20041007	彭晓玲	85	71	76	232			257
10	国贸学院	20041008	傅珊珊	88	80	75	243			254
11	数工学院	20041009	钟争秀	78	80	76	234			253
12	影视学院	20041010	周旻璐	94	87	82	263			251
13	艺术学院	20041011	柴安琪	60	67	71	198			
14	人文学院	20041012	吕秀杰	81	83	87	251			
15	数工学院	20041013	陈华	71	84	67	222			
16	金信学院	20041014	姚小玮	68	54	70	192			
17	财富学院	20041015	刘晓瑞	75	85	80	240			
18	数工学院	20041016	肖凌云	68	75	64	207			
19	人文学院	20041017	徐小君	58	69	75	202			
20	工商学院	20041018	程俊	94	89	91	274			
21	国贸学院	20041019	黄威	82	87	88	257			
22	数工学院	20041020	钟华	72	64	85	221			
23	影视学院	20041021	郎怀民	85	71	70	226			
24	人文学院	20041022	谷金力	87	80	75	242			

图 13-4　总分前 10 名计算结果

13.3.3　运用 FREQUENCY 函数统计不同成绩区间的人数

统计总分各分数段人数，分为以下几个分数段：小于 200，大于等于 200 小于 230，大于等于 230 小于 250，大于等于 250。

我们知道 COUNTIF、COUNTIFS 可以进行条件计数，不过划分成 4 个分数段统计就要分别写成下面几个公式：

=COUNTIF(G3:G30, "<200");

=COUNTIFS(G3:G30,">=200",G3:G30,"<230")

=COUNTIFS(G3:G30,">=230",G3:G30,"<250")

=COUNTIF(G3:G30,">=250")

运用 FREQUENCY 函数，只需输入一个数组公式即可完成，它以一列垂直数组返回一组数据的频率分布。FREQUENCY (数据源，分段点)，以分段点为间隔，统计数据源值在各段出现的频数。

这里分 4 个分数段统计，需要设置 3 个分段点，最后一个不用算分段点，但是数组公式中要包括进去。注意：小于 200，分段点应该写成 199，如果小于等于 200，则分段点就应该是 200，其他的以此类推。

选择 K16：K19 单元格，输入数组公式{=FREQUENCY(G3:G40,{199,229,249})}，按 Ctrl+Shift+Enter 组合键完成计算，如图 13-5、图 13-6 所示。

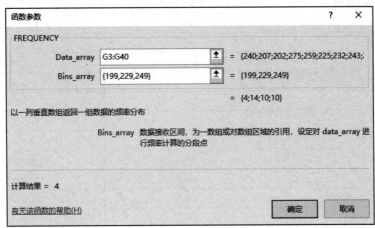

图 13-5　FREQUENCY()"函数参数"对话框

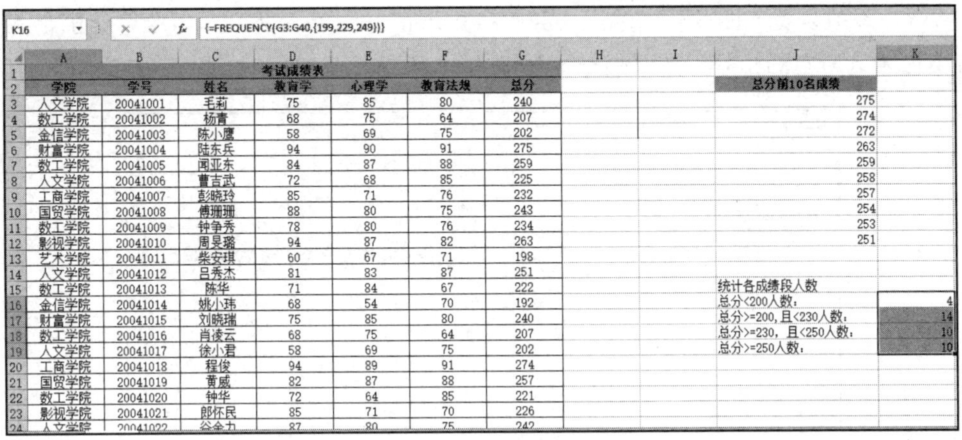

图 13-6　分段统计计算结果

13.3.4　SUBTOTAL 函数和筛选功能巧妙混搭

当我们对学院进行筛选时，希望 H1 单元格能显示当前筛选结果的个数，这时我们可以运用 SUBTOTAL 函数完成。SUBTOTAL 只对筛选结果进行运算，这个功能对我们实际工作的作用是很大的。

函数语法：SUBTOTAL (Function_num,Ref1)，Function_num 中填入数字 1～11 或 101～111，用于指定要为分类汇总使用的函数。如果使用 1～11，将包括手动隐藏的行，如果使用 101～111，则排除手动隐藏的行；始终排除已筛选掉的单元格，具体对应函数如表 13-1 所示。

表 13-1　Subtotal 参数 Function_num 对应表

Function_num （包含隐藏值）	Function_num （忽略隐藏值）	对应函数
1	101	AVERAGE
2	102	COUNT
3	103	COUNTA
4	104	MAX
5	105	MIN
6	106	PRODUCT
7	107	STDEV
8	108	STDEVP
9	109	SUM
10	110	VAR
11	111	VARP

在此我们统计经过筛选后还有几条记录，我们可以在 H1 单元格中输入 SUBTOTAL 函数，其函数参数设置如图 13-7 所示，其中 Function_num 设置为 3，即统计非空个数，在 Ref1 中设置为所有的学号，统计后结果如图 13-8 所示。

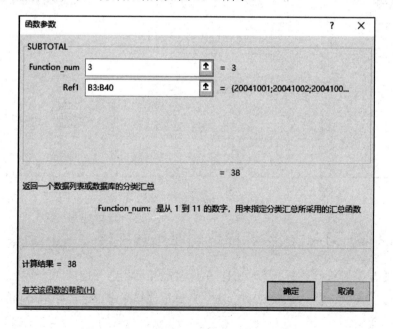

图 13-7　SUBTOTAL "函数参数"对话框

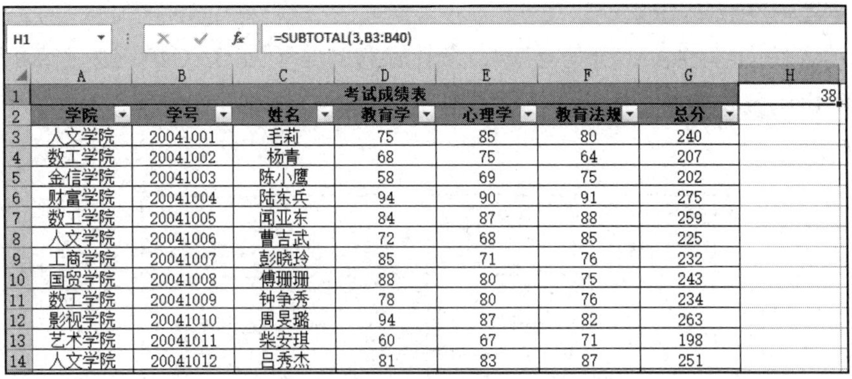

	A	B	C	D	E	F	G	H
H1			fx	=SUBTOTAL(3,B3:B40)				
1				考试成绩表				38
2	学院	学号	姓名	教育学	心理学	教育法规	总分	
3	人文学院	20041001	毛莉	75	85	80	240	
4	数工学院	20041002	杨青	68	75	64	207	
5	金信学院	20041003	陈小鹰	58	69	75	202	
6	财富学院	20041004	陆东兵	94	90	91	275	
7	数工学院	20041005	闻亚东	84	87	88	259	
8	人文学院	20041006	曹吉武	72	68	85	225	
9	工商学院	20041007	彭晓玲	85	71	76	232	
10	国贸学院	20041008	傅珊珊	88	80	75	243	
11	数工学院	20041009	钟争秀	78	80	76	234	
12	影视学院	20041010	周昊璐	94	87	82	263	
13	艺术学院	20041011	柴安琪	60	67	71	198	
14	人文学院	20041012	吕秀杰	81	83	87	251	

图 13-8　SUBTOTAL 统计筛选结果的条数

13.3.5　SUMPRODUCT 函数使用

SUMPRODUCT 函数被誉为求和之王，可以取代 SUM 的数组公式，对多个区域先相乘后汇总，SUM 能做到的 SUMPRODUCT 都能做到，而且做得更好。由于 SUMPRODUCT 函数本身就支持数组，所以条件计数、条件求和的时候不需要按组合键 Ctrl+Shift+Enter。

SUMPRODUCT 函数的通用公式分别为：

计数=SUMPRODUCT（（条件 1）*（条件 2）*…*（条件 N））

求和=SUMPRODUCT（（条件 1）*（条件 2）*…*（条件 N）*（求和区域））

（1）求数工学院有几个学生

此为满足条件 1 的计数问题，条件是学院为数工学院，则我们设置条件 1 表达式为 A3:A40="数工学院"即可，但由于条件比较结果为 True 或者 False，我们在条件前可加入两个负号，将 True 转化为 1，将 False 转化为 0 即可，如图 13-9 所示。

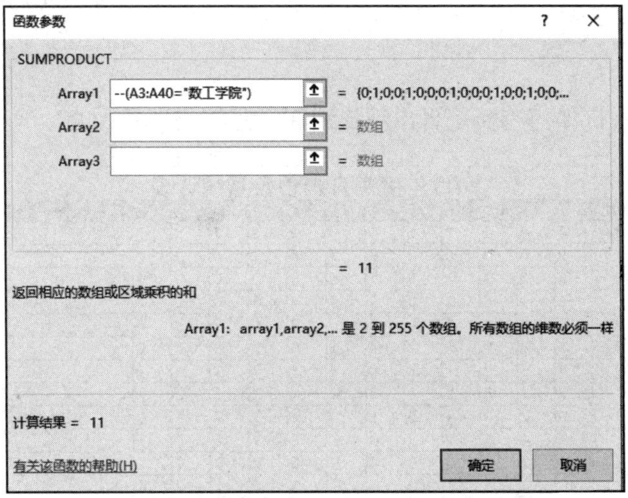

图 13-9　SUMPRODUCT 一个条件计数

（2）求金信学院学生成绩总分和

此处的条件为 A3:A40="金信学院"，统计求和的区域为 G3:G40，通过求和通用表达式，即可得出函数整体表达式为：=SUMPRODUCT((A3:A40="金信学院")*(G3:G40))，如图 13-10 所示。

图 13-10　SUMPRODUCT 一个条件求和

13.4　项目总结

很多高级函数我们刚接触时都感觉有点难，但是熟练掌握它们的特性后，还是很好理解的，毕竟函数都是相通的。

13.5　课后练习

如图 13-11 所示，如何判断是否出现连续 3 个月销售数量为 0？

2017年度每月销售数量统计表													
产品型号	1月	2月	3月	4月	5月	6月	7月	8月	9月	10月	11月	12月	是否连续3个月销量为0
TY102	2	4	1	0	6	0	0	2	9	7	6	9	
TY103	0	6	0	0	2	9	7	6	2	4	1	0	
TY104	6	0	3	2	9	7	6	0	0	0	9	4	
TY105	9	7	6	2	0	9	4	6	0	0	2	0	
TY106	5	0	0	0	9	7	6	2	0	2	9	4	
TY107	2	9	7	6	2	4	1	0	5	3	0	0	
TY108	4	5	2	7	8	0	4	3	2	1	1	3	
TY109	2	7	8	0	4	3	2	1	1	3	2	1	
TY110	6	2	0	4	6	1	0	2	3	2	1	0	
TY111	1	4	5	0	3	0	2	2	1	0	2	1	
TY112	3	2	1	0	5	4	6	6	0	0	0	1	
TY113	6	2	4	1	0	5	3	0	0	7	2	1	
TY114	1	0	5	3	0	0	7	2	1	1	0	0	

图 13-11　判断是否连续有 3 个 0 出现

项目 14　房产销售分析表

14.1　项目背景

小童是某房地产开发公司一名职员，她的日常任务之一是使用良好的方法，有效率地统计每位销售人员对不同户型房屋的销售情况。

小童需要完成的工作包括：

（1）根据不同要求，对房产销售表进行筛选。

（2）统计每种户型和每个销售人员的销售情况。

（3）生成数据透视表和数据透视图，对每位销售人员销售的每种户型进行分析。

14.2　项目分析

（1）表格的创建与记录单的使用

将工作表中的数据创建为表格，并使用记录单对表格的记录进行添加和删除。

（2）筛选

分别利用自动筛选、高级筛选按照要求对房产销售表进行统计。

（3）分类汇总

利用分类汇总分别统计每种户型和每位销售人员的销售情况。

（4）数据透视表和数据透视图

利用数据透视图分析每位销售人员销售不同户型房产的情况，并使用切片器和迷你图进行统计。

14.3　项目实现

14.3.1　表格创建与记录单的使用

（1）工作表中表格的创建

表格是工作表中包含相关数据的一系列数据行，它可以像数据库一样接受浏览与编辑等相关操作。

在"房产销售分析表"中，我们选中 A1：K25 单元格，单击"插入"选项卡的"表格"按钮，在选中的区域中第 1 行要显示为表格标题，所以选中"表包含标题"复选框，确定后创建好表格，同时自动激活"表格工具—设计"选项卡，将表格命名为"房产销售分析表"，如图 14-1 所示，注意仅当选定表格中的某个单元格时才显示"表格工具—设计"选项卡。

图 14-1　"表格工具设计"选项卡

如果要删除创建的表格，可以单击"表格工具—设计"选项卡下"工具"组中的"转换为区域"按钮，将表格转化为普通区域。

建立好的表格如图 14-2 所示。

	A	B	C	D	E	F	G	H	I	J	K
1	姓名	联系电话	预定日期	楼号	户型	面积	单价	契税	房价总额	契税总额	销售人员
2	客户1	13856782511	2013/5/12	5-101	两室一厅	115	13200	1.50%	1518000	22770	小韦
3	客户2	13856782512	2013/4/15	5-102	一室一厅	68	9000	1.00%	612000	6120	小裴
4	客户3	13856782513	2013/2/25	5-201	两室一厅	115	12500	1.50%	1437500	21562.5	小韦
5	客户4	13856782514	2013/1/12	5-202	三室两厅	158	14300	3.00%	2259400	67782	小王
6	客户5	13856782515	2013/4/30	5-301	两室一厅	115	13000	1.50%	1495000	22425	小裴
7	客户6	13856782516	2013/6/23	5-302	三室两厅	158	15300	3.00%	2417400	72522	小韦
8	客户7	13856782517	2013/5/6	5-401	两室一厅	115	11200	1.50%	1288000	19320	小李
9	客户8	13856782518	2013/6/17	5-402	三室两厅	158	16200	3.00%	2559600	76788	小李
10	客户9	13856782519	2013/4/19	5-501	一室一厅	68	8600	1.00%	584800	5848	小王
11	客户10	13856782520	2013/4/27	5-502	三室两厅	158	14100	3.00%	2227800	66834	小韦
12	客户11	13856782521	2013/2/26	5-601	两室一厅	115	11100	1.50%	1276500	19147.5	小裴
13	客户12	13856782522	2013/7/8	5-602	三室两厅	158	13300	3.00%	2101400	63042	小韦
14	客户13	13856782523	2013/6/25	5-701	两室一厅	115	10800	1.50%	1242000	18630	小韦
15	客户14	13856782524	2013/5/4	5-702	三室两厅	158	14500	3.00%	2291000	68730	小韦
16	客户15	13856782525	2013/4/16	5-801	两室一厅	115	12000	1.50%	1380000	20700	小王
17	客户16	13856782526	2013/4/23	5-802	一室一厅	68	9800	1.00%	666400	6664	小裴
18	客户17	13856782527	2013/5/6	5-901	一室一厅	68	9900	1.50%	1138500	17077.5	小韦
19	客户18	13856782528	2013/5/5	5-902	三室两厅	158	13100	3.00%	2069800	62094	小韦
20	客户19	13856782529	2013/7/26	5-1001	一室一厅	68	8500	1.00%	578000	5780	小李
21	客户20	13856782530	2013/3/18	5-1002	三室两厅	158	12500	3.00%	1975000	59250	小孟
22	客户21	13856782531	2013/5/23	5-1101	两室一厅	115	11800	1.50%	1357000	20355	小裴
23	客户22	13856782532	2013/1/5	5-1102	一室一厅	68	9500	1.00%	646000	6460	小孟
24	客户23	13856782533	2013/4/6	5-1201	两室一厅	115	13500	1.50%	1552500	23287.5	小孟
25	客户24	13856782534	2013/5/26	5-1202	三室两厅	158	15400	3.00%	2433200	72996	小李

图 14-2　创建"房产销售分析表"表格

（2）使用记录单

在 Excel 工作表的表格中输入大量数据时，如果逐行逐列地进行输入比较容易出错，而且查看、修改某条记录也比较麻烦，所以我们可以使用"记录单"的功能。

在 Excel 2019 中，默认情况下"记录单"命令属于"不在功能区中的命令"，我们需要先将它添加到"自定义功能区"中。单击"文件"选项卡下"选项"按钮，在"自定义功能区"的 "从下列位置选择命令"中选择"不在功能区中的命令"，找到"记录单"命令，在右侧"数据"选项卡中新建一个"其他"组并选择该组，然后单击"添加"按钮将"记录单"命令添加到"主选项卡"→"数据"下的"其他"组中，如图 14-3 所示。

单击"确定"按钮，可以在"数据"选项卡中看到"记录单"命令按钮，如图 14-4 所示。

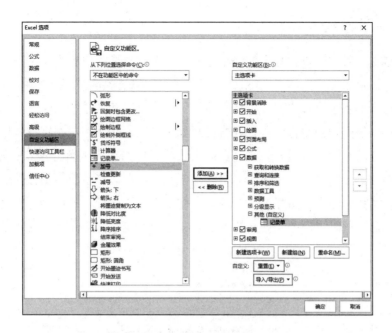

图 14-3　"Excel 选项"对话框

图 14-4　"其他"中新添加的按钮

只有每列数据都有标题的表格才能使用记录单功能。选定"房产销售分析表"中的任一单元格，单击"记录单"命令按钮，进入如图 14-5 所示的数据记录单。在记录单中默认显示了第 1 行记录，这时可以直接修改各字段的数据，也可使用右侧各按钮对记录单进行添加、删除及查看各条记录等操作。

图 14-5　"房产销售分析表"记录单

14.3.2 数据筛选

数据筛选是一种用于查找数据的快速方法，筛选将表格中所有不满足条件的记录暂时隐藏，只显示满足条件的数据行。Excel 中提供了自动筛选和高级筛选 2 种筛选的方式。

（1）利用自动筛选查看户型是两室一厅的房屋销售信息

如果我们刚做好记录单任务，则表格已经处于自动筛选状态；如果没做好记录单，则单击"数据"选项卡的"筛选"按钮，此时在表格首行的标题右侧出现下三角按钮。单击"户型"右侧的下三角按钮，弹出"自动筛选"对话框，在下面的复选框中，去掉"全选"，仅选择"两室一厅"，如图 14-6 所示，单击"确定"按钮，即可筛选出仅是两室一厅的房屋销售信息，同时"户型"右侧的下三角按钮变为，表示该字段经过筛选。

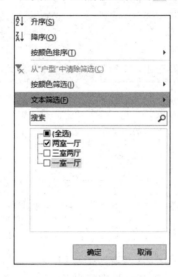

图 14-6　自动筛选对话框

我们也可以在"自动筛选"对话框中对某一字段进行升序或者降序，或者按照颜色进行排序。同时，筛选时也可以按照颜色、文本条件进行筛选。Excel 2019 还具有搜索筛选器功能，利用它可智能地搜索筛选数据。如我们在搜索框中输入"一厅"，即可筛选出"一室一厅"和"两室一厅"的记录。

取消某一条件的筛选可以选择"全选"复选框，也可以单击"从'户型'中清除筛选"；取消自动筛选可在此单击"数据"选项卡的"筛选"命令按钮。

（2）利用高级筛选查看户型为"两室一厅"，房价低于 150 万元，销售人员为小裴的记录信息

自定义筛选只能完成条件简单的数据筛选，如果筛选的条件较为复杂，就需要使用高级筛选。

使用高级筛选功能，首先需要创建一块条件区域，用来表示筛选的条件，条件区域和数据清单之间最好有空行或者空列隔开。条件区域的第 1 行为筛选条件的字段名，必须和

表格中的字段名完全一致，所以在创建的时候建议复制表格中的字段名。条件区域的其他行输入筛选条件，同一行中的条件为逻辑"与"关系，不同行则表示逻辑"或"关系。

我们在 M7：O8 单元格中输入如图 14-7 所示的内容作为条件区域，然后将活动单元格放入数据表格中的任一单元格中，单击"数据"选项卡→"排序和筛选"组中的"高级"按钮，在弹出的"高级筛选"对话框中进行设置，如图 14-8 所示，单击"确定"按钮后即可筛选出结果，如图 14-9 所示。

户型	房价总额	销售人员
两室一厅	<1500000	小裴

图 14-7 高级筛选条件区域内容

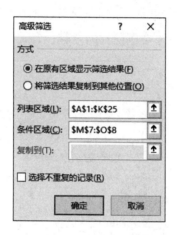

图 14-8 "高级筛选"对话框

	A	B	C	D	E	F	G	H	I	J	K
1	姓名	联系电话	预定日期	楼号	户型	面积	单价	契税	房价总额	契税总额	销售人员
6	客户5	13856782515	2013/4/30	5-301	两室一厅	115	13000	1.50%	1495000	22425	小裴
12	客户11	13856782521	2013/2/26	5-601	两室一厅	115	11100	1.50%	1276500	19147.5	小裴
22	客户21	13856782531	2013/5/23	5-1101	两室一厅	115	11800	1.50%	1357000	20355	小裴

图 14-9 "高级筛选"的结果

如果要取消高级筛选，我们可以单击"数据"选项卡→"排序和筛选"组中的"清除"命令按钮。

14.3.3 分类汇总

分类汇总是对数据区域指定的行或列中的数据进行汇总统计，统计的内容可以由用户指定，通过折叠或展开行、列数据和汇总结果，从汇总和明细 2 种角度显示数据，可以快捷地创建各种汇总报告。

Excel 分类汇总的数据折叠层次最多可达 8 层。若要插入分类汇总，首先必须对数据区域按照分类要求进行排序，将要进行分类汇总的行组合在一起，然后为包含数字的数据列计算分类汇总。

（1）使用分类汇总，统计每种户型共销售多少面积

单击"户型"字段一列的任一单元格，再单击"数据"选项卡→"排序和筛选"组中的"升序 ↓" 按钮，将数据清单按照户型升序排列；单击"数据"选项卡→"分级显示"组中的"分类汇总"按钮，弹出"分类汇总"对话框。在"分类字段"中选择"户型"，在"汇总方式"中选择"求和"，在"选定汇总项"中选择"面积"，如图 14-10 所示，单击"确定"按钮后即可得出每种户型的销售总面积。

此时我们发现，在表格窗口左侧有行分级按钮 1 2 3 和折叠 −、展开 + 按钮。单击行分级按钮可指定显示明细数据的级别，如单击 1 只显示所有销售房屋的总面积，单击 3 则显示汇总表的所有数据。单击折叠、展开按钮可对本级别的明细数据进行折叠和展开。

如果要取消分类汇总，可在图 14-10 所示"分类汇总"对话框中单击"全部删除"按钮，即可取消分类汇总，此按钮不会删除数据内容。

图 14-10　"分类汇总"对话框

（2）使用分类汇总统计每个销售人员的销售总额

单击"销售人员"字段一列的任一单元格，再单击"数据"选项卡→"排序和筛选"组中的"升序 ↓" 按钮，将数据清单按照销售人员升序排列；单击"数据"选项卡→"分级显示"组中的"分类汇总"按钮，弹出"分类汇总"对话框。在"分类字段"中选择"销售人员"，在"汇总方式"中选择"求和"，在"选定汇总项"中选择"房价总额"，单击"确定"按钮后即可得出每位销售人员所销售的总金额。单击行分级按钮 2，可查看每位销售人员的业绩与总业绩，如图 14-11 所示。

	A	B	C	D	E	F	G	H	I	J	K
1	姓名	联系电话	预定日期	楼号	户型	面积	单价	契税	房价总额	契税总额	销售人员
6									6858800		小李 汇总
10									4173500		小孟 汇总
17									7824300		小裴 汇总
22									5466200		小王 汇总
30									12784000		小韦 汇总
31									37106800		总计

图 14-11　分类汇总统计每位销售人员业绩

14.3.4　数据透视表和数据透视图

数据透视表是一种交互式的表，通过对源数据表的行、列进行重新排列，提供多角度的数据汇总信息。用户可旋转行和列以查看数据源的不同汇总，还可以根据需要显示感兴趣区域的明细数据。数据透视图是一个动态的图表，它可以将创建的数据透视表以图表的形式显示出来。

（1）创建显示每个销售人员不同户型的销售业绩的数据透视图

单击数据源中任一单元格，再单击"插入"选项卡→"图表"组中的"数据透视图"按钮，如图 14-12 所示，弹出"创建数据透视图"对话框。

图 14-12　数据透视图向导步骤 1

在"请选择要分析的数据"区域，由于我们提早将活动单元格放入到了表格区域，所以在此的"表/区域"已经自动选择好为"房产销售分析表"；如果未选定区域，我们也可以手动选择 A1：K25 区域，注意在选择的时候，标题行必须选中而且作为数据区域的首行，如图 14-13 所示。

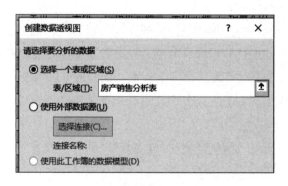

图 14-13　数据透视图向导步骤 2

在"选择放置数据透视图的位置"区域，主要设置图表的所在位置，本项目中选择放入 Sheet2 中并从 A1 单元格开始（注意选择好位置工作表后，必须设置起始单元格），如图 14-14 所示。单击"确定"按钮完成。

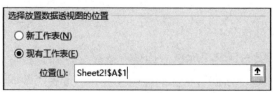

图 14-14　数据透视图向导步骤 3

我们创建的是数据透视图,完成之后会伴随出现数据透视表,如果我们只创建数据透视表,那么是没有数据透视图出现的。

按照步骤创建后建立数据透视图,内容为空。在"数据透视表字段"列表中选中"户型""房价总额""销售人员"复选框,系统自动将"户型"和"销售人员"字段放入"轴"字段(数据透视表对应为"行"字段)中,将"房价总额"字段放入"∑值"中,完成后生成数据透视表和数据透视图,如图14-15所示。

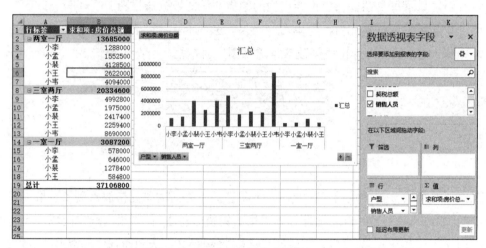

图14-15　每个销售人员不同户型的销售业绩数据透视表和数据透视图

(2)数据透视图的修改

如果需要在数据透视图中添加或删除字段,我们可以在"数据透视表字段"列表中,对相应字段前面的复选框进行勾选或者取消;如果要调整"户型"和"销售人员"的顺序,我们可以在"行"字段中拖动字段块来调整位置;我们也可以将"户型"字段拖至"图例"字段(数据透视表对应为"列"字段)中,这样能更加直观地查看不同销售人员销售的不同户型信息。

如果要更改"房价总额"的统计类别,我们可以单击"∑值"右侧的 ▼ 下拉三角,选择"值字段设置"来调整汇总方式。

在数据透视图中,我们可通过单击图例右侧的 ▼ 下拉三角,来隐藏或显示行、列中的数据项。如我们要隐藏一室一厅房屋的销售情况,我们单击" 户型 ▼ " 右侧的 ▼ 下拉三角,在弹出的对话框中,去掉"一室一厅"选项前的复选框后单击"确定"按钮即可。

通过上述对数据透视图的修改,我们可得到每位销售人员对2种房产的销售情况,如图14-16所示。

(3)切片器的使用

单击选中数据透视表的任一单元格,选择"数据透视表工具"选项卡→"分析"项的"插入切片器"按钮;或选中数据透视图的任一单元格,选择"数据透视图工具"选项卡→"分析"项的"插入切片器"按钮,可打开"插入切片器"对话框,如图14-17所示。

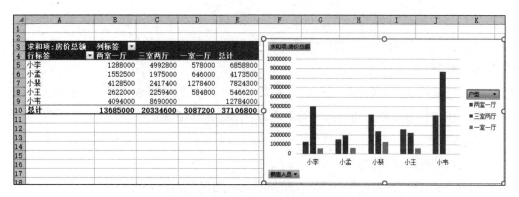

图 14-16　每个销售人员不同户型的销售业绩数据透视表和数据透视图

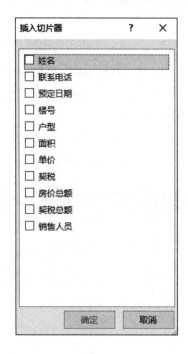

图 14-17　"插入切片器"对话框

在"插入切片器"对话框中选中要查看字段前面的复选框，在此我们选中"户型"和"销售人员"，单击"确定"按钮后，生成 2 个切片器，如图 14-18 所示。

图 14-18　插入的 2 个切片器

在切片器中我们可根据需求选择要查看的对象，如"销售人员"切片器中选择"小李""小裴"，在"户型"切片器中选择"两室一厅"，即可查看这2名销售人员销售两室一厅房屋的情况。

如果要恢复筛选前的初始状态，则需要单击切片器右上角的 按钮，即可清除切片器。如果要关闭切片器，可右击切片器，然后选择"　删除"户型"(V)　"命令，即可关闭该切片器功能。

（4）迷你图的使用

迷你图是 Excel 2019 中的一种图表制作工具。它以单元格为绘图区域，简单便捷地为我们绘制出简明的数据小图表，方便地把数据以小图的形式呈现在使用者的面前，是一种存在于单元格中的小图表。

单击数据透视表的任一单元格，再单击"插入"选项卡→"迷你图"组中的"柱形图"按钮，打开"创建迷你图"对话框。在"数据范围"中输入或选择"B5：D5"单元格区域，即源数据区域，在"位置范围"中输入"F5"，即生成迷你图的单元格区域，单击"确定"按钮后生成小李对各种户型房屋的销售情况。

如果需要对其他销售人员的各种房屋销售情况制作一个迷你图，我们可以通过填充柄拖动迷你图所在的"F5"单元格，将其复制到其他单元格中，如图 14-19 所示。

	A	B	C	D	E	F
3	求和项:房价总额	列标签				
4	行标签	两室一厅	三室两厅	一室一厅	总计	
5	小李	1288000	4992800	578000	6858800	
6	小孟	1552500	1975000	646000	4173500	
7	小裴	4128500	2417400	1278400	7824300	
8	小王	2622000	2259400	584800	5466200	
9	小韦	4094000	8690000		12784000	
10	总计	13685000	20334600	3087200	37106800	

图 14-19　生成的迷你图

14.4　项目总结

本项目主要学习了工作表表格的创建、记录单的使用；自动筛选、高级筛选的应用；分类汇总的使用；数据透视表和数据透视图的应用。

（1）高级筛选需先创建条件区域，条件区域的第1行内容必须和数据源标题行完全一致。

（2）分类汇总前首先必须按照分类字段进行排序。

（3）数据透视表的使用与数据透视图相类似。

14.5　课后练习

打开"产品销售表.xlsx"，完成如下设置：

（1）将 Sheet1 中的数据复制到 Sheet2 中，使用自动筛选，查看市场 1 部卡特扫描枪的销售情况。

（2）将 Sheet1 中的数据复制到 Sheet3 中，使用高级筛选，查看市场 1 部，销售数量大于 3，销售金额大于 1000 的销售情况，结果保存在 Sheet3 中。

（3）将 Sheet1 中的数据复制到 Sheet4 中，使用分类汇总，统计中产品的销售总金额。

（4）在 Sheet5 中，创建每位销售人员的销售情况的数据透视图，横坐标为销售人员，数据项汇总为销售金额的和。

第三篇　PowerPoint 高级应用项目

项目 15　新书读后感演讲片——演示文稿的样式设计

15.1　项目背景

公司开展一季度一次的"总经理书籍"推荐活动，要求员工阅读《高绩效人士的五项管理》并展开读书汇报演讲。Neilsen 设计了 PowerPoint 幻灯片演示文稿配合自己的演讲。

本例中 Neilsen 需要完成的工作包括：

（1）拟定演示文稿的大纲，设计演示文稿的内容和版面。

（2）确定幻灯片上的对象的统一格式及主色调。

（3）演示文稿的放映设置。

15.2　项目分析

本项目主要涉及如下操作：

（1）设计模板的使用，区别应用样式模板和主题模板。

（2）插入的对象的格式设置。

（3）掌握标题母板、幻灯片母板的编辑并使用。

（4）介绍文字、图片、图表等元素的运用，如文本的输入、图片的处理、自选图形的应用，通过图表直观展示数据。

15.3　项目实现

15.3.1　新建标题幻灯片并应用主题

一份演示文稿通常由一张"标题"幻灯片和若干张"普通"幻灯片组成。

（1）新建标题幻灯片

①启动 PowerPoint 程序，选择"空白演示文稿"，就会产生一张标题幻灯片，如图 15-1 所示。在此界面下可以看到，传统的菜单和工具栏被划分成了功能区。

②在标题幻灯片上键入标题文本"现在就改变"，副标题文本"——《高绩效人士的五项管理》读后感 Neilsen"。

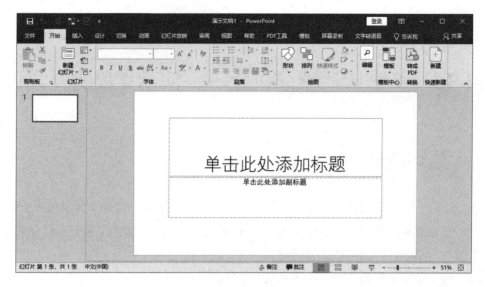

图 15-1　PowerPoint 界面

（2）设计"主题"

PowerPoint 中提供了很多模板，它们将幻灯片的配色方案、背景和格式组合成各种主题，这些模板称为"幻灯片主题"。通过选择"幻灯片主题"并将其应用到演示文稿，可以将所有幻灯片设置为相同主题。

①单击"设计"选项卡中的"主题"组右下角的 "其他"按钮，打开内置的主题和 Office.com 中的主题，将光标移动到某个主题上，就可以实时预览效果，单击应用"丝状"主题，如图 15-2 所示。在此基础上新建幻灯片，保持统一的背景、配色及字体效果。

②将光标指向"主题"中的幻灯片主题，可以直接预览主题在应用后的实际效果。

图 15-2　"主题"组中内置主题

（3）联机模板和主题

模板是指在外观和内容上已经进行了一些预设的文件，通过模板创建演示文稿，用户不用完全从头开始制作，从而提高了工作效率。PowerPoint 2019 中提供了"搜索联机模板和主题"的功能，具体操作如下：

单击"文件"选项卡的"新建"，可通过分类查看，也可通过搜索关键字进行查找，在中间栏中显示出计算机中已经存在的文稿模板，如图 15-3 所示。

图 15-3　文稿模板

选择任意一文稿模板，单击"创建"按钮，即可创建出包含已有内容的演示文稿，如图 15-4 所示。

图 15-4　未来天体设计模板

15.3.2　母版设计

将标题幻灯片的母版中标题文本颜色改为"红色",将模板主题颜色改为内置的"**Office**"颜色,应用背景样式 11。

①单击"视图"选项卡→"母版视图"组中的"幻灯片母版"按钮,打开母版视图。在 PowerPoint 2019 中,母版设计与版式相关联,此时,左边"幻灯片母版缩略图"窗格顶端的主模板以下略小的缩略图为版式母版,包括标题版式、标题和内容版式、两栏内容版式等 11 种内置版式。主模板能影响所有版式母版,通过对各版式母版修改,可单独控制配色等格式设置,这样,在兼顾共性的情况下也有"个性"表现。

②单击"标题幻灯片"版式模板,选择标题文本框,单击"开始"选项卡→"字体"组中的"字体颜色"下拉菜单,将字体颜色设置为"红色"。

③单击"幻灯片母版"选项卡→"编辑主题"组中的"颜色"下拉菜单,选择 Office 颜色。

④单击"背景样式"按钮,选择样式 11。

⑤设置完成,单击"关闭母版视图"按钮,回到幻灯片视图,如图 15-5 所示。

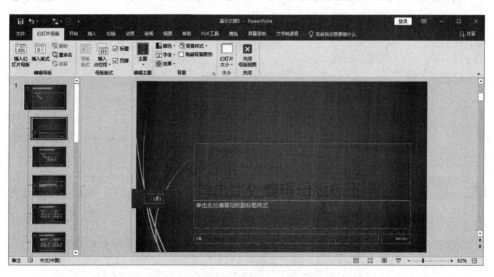

图 15-5　母版视图

15.3.3　插入图形和图片对象

(1)使用绘图工具栏设计"目录"幻灯片

①单击"开始"选项卡→"新建幻灯片"组中的"标题与内容"版式命令,插入第 2 张幻灯片设计目录。

②在标题框中输入"目录",左对齐。

③单击"开始"选项卡→"绘图"组中的"□",在合适的地方画出每条目录的底层

圆角矩形，右击图形，在弹出的鼠标菜单中选择"设置形状格式"命令，设置渐变色颜色；右击画好的圆角矩形，选择"编辑文字"命令添加目录文字，如图 15-6 所示。

④通过复制粘贴的方法，依次设置"A 五项管理主要内容，B 时间管理之感悟，C 学习管理之感悟，D 目标管理之思考"目录。修改每个圆角矩形不同的填充渐变色，第 2 张幻灯片效果如图 15-7 所示。

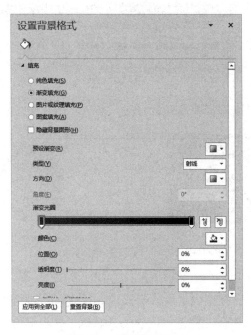

图 15-6　设置图形格式

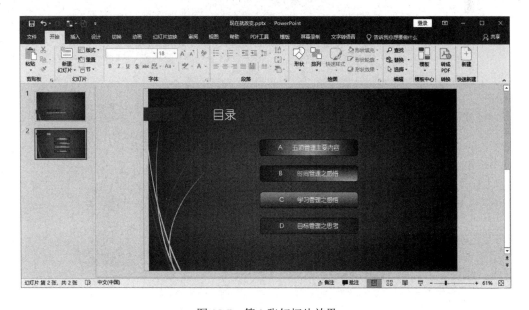

图 15-7　第 2 张幻灯片效果

（2）图片处理

①新建第3张"标题与内容"版式幻灯片，输入标题文本"时间管理十大方法"。

②单击"插入"选项卡→"图像"组中的"图片"命令，打开"插入图片"对话框。在对话框中选择素材中的"时钟"图片，将其插入幻灯片中。这时，选中图片，在界面上方就会出现"图片工具"菜单，如图15-8所示。

图15-8　"图片工具"菜单

③选择"删除背景"命令，删除图片背景，并调整图片大小和位置，如图15-9所示。

图15-9　图片"删除背景"前后效果

④单击"开始"选项卡→"绘图"组基本形状中的"圆柱形"，在幻灯片上绘出一个圆柱形，右击圆柱形图片，选择"设置形状格式"，调整圆柱形的渐变光圈和线性方向。

⑤复制5个圆柱形，单击"视图"选项卡"显示"组右下角的箭头按钮，打开"网格线和参考线"对话框。取消"对象与网格对齐"复选框，对图形进行微调，设置完成后，选择所有圆柱形，右击所选图形，选择"组合"命令，效果如图15-10所示。

图15-10　图片位置效果

⑥压缩图片，减小 PPT 大小。双击图片，打开"图片工具—格式"选项卡，单击"调整"组中的"压缩图片"，在打开的对话框中不选择"仅应用于所选图片"复选项，单击"确定"按钮，如图 15-11 所示。

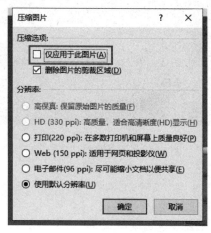

图 15-11　"压缩图片"对话框

（3）SmartArt 图形

①单击"插入"选项卡→"插图"组中的"SmartArt"按钮，在打开的对话框中选择"步骤上移"流程图，如图 15-12 所示。

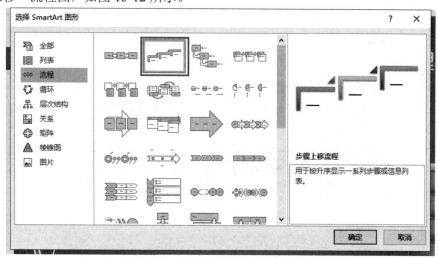

图 15-12　SmartAart 图形窗口

②将流程图"取消组合"，设置步骤阶梯不同颜色，然后重新组合。

③单击"插入"选项卡"文本"组中的"文本框"按钮，选择"竖直文本框"命令，添加文本。

④插入"成功"图片。

⑤插入"竖直文本框"，添加文本"时间就是金钱"。

第 3 张幻灯片效果如图 15-13 所示。

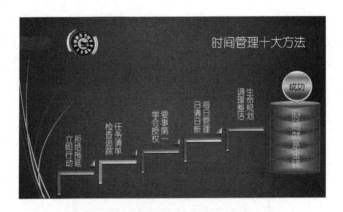

图 15-13　第 3 张幻灯片效果

15.3.4　创建图表

图表是以直观的图形外观来表达数据信息的有用工具，与相对抽象的表格数据相比，通过图表可更为形象与直接地表示数据之间的差异、走势趋势等。

图表是依据数据创建的，因此要在幻灯片中使用图表，需要先确定图表类型，然后通过数据表输入数据，此时，图表中各组成部分即会根据数据的不同发生变化，从而实现由形状表现数据的目的。

（1）插入图表

①新建"标题与内容"版式幻灯片，单击"插入"选项卡中的"图表"按钮，在弹出的对话框中选择"＿＿"，此时，当前幻灯片中出现了插入的图表，且启动 Excel 数据源电子表格，并在其中出现了预设的表格内容，这就是图表对应的数据表，如图 15-14 所示。也可以直接选择要插入图表的幻灯片，单击"插入"选项卡→"插图"组中的"图表"按钮，打开"插入图表"对话框。

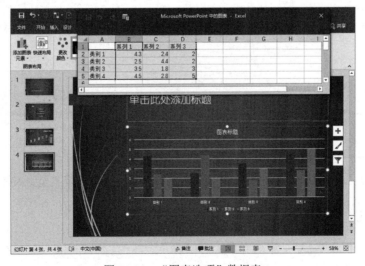

图 15-14　"图表选项"数据表

②增加 PPT 图表中的系列。根据 Excel 数据源表格中的提示，拖动数据区域的右下角，添加 E 列为系列 4，修改 Excel 数据源表格中的内容，PPT 中图表各部分也随之变化，如图 15-15 所示。

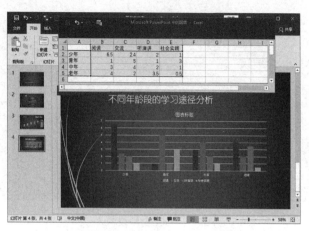

图 15-15　给"数据表"添加数据

（2）添加数据标签

在完成图表内容制作后，选择图表，在菜单栏中出现"图表工具"选项卡，单击其中的"布局"按钮，如图 15-16 所示。

图 15-16　"图表工具"选项卡

单击"图表布局"组的"添加图表元素"按钮，选择"数据标签"中的"数据标签外"命令，操作过程效果如图 15-17 所示。

图 15-17　图表数据标签设置

再将"图表标题"设置为"无","图例"设置为"右侧",效果如图 15-18 所示。

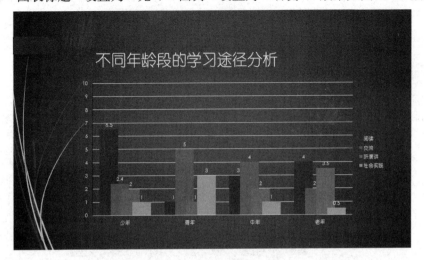

图 15-18　图表最终效果

（3）修改纵坐标轴刻度为 0～10

对于图表中的横、纵坐标轴，除了可对其填充与线型格式进行设置外，还可对其坐标轴的格式进行设置，包括起始刻度、刻度单位等。

①右击垂直坐标轴（可以单击垂直坐标轴上的刻度数字选中），选择"设置坐标轴格式"命令，将"坐标轴选项"中的最大值改为固定 10，如图 15-19 所示。

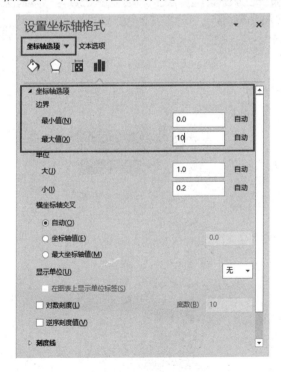

图 15-19　修改坐标轴

15.3.5　设置幻灯片大小和背景

（1）新建一张"仅标题"版式幻灯片

单击"开始"选项卡→"幻灯片"组的"新建幻灯片"下拉三角按钮，选择"仅标题"版式，如图 15-20 所示，也可以在该组的"版式"下拉菜单中选择修改版式。

图 15-20　"仅标题"版式幻灯片

（2）设置幻灯片大小

单击"设计"选项卡→"幻灯片大小"组中的"自定义幻灯片大小"命令，设置幻灯片的大小为宽度 33.867 厘米，高度 19.05 厘米，如图 15-21 所示。

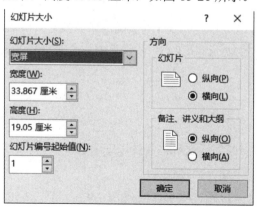

图 15-21　自定义幻灯片大小

（3）设置插入的这张幻灯片背景填充色

单击"设计"选项卡，选择"设置背景格式"命令，在弹出的对话框中选择"填充"

为"图案填充",选择第 1 个图案"点线:5%",背景选择"蓝-灰,背景 2,淡色 40%",然后关闭该对话框,如图 15-22 所示。

注意:如果单击"应用到全部"按钮,则应用于该演示文稿所有幻灯片。

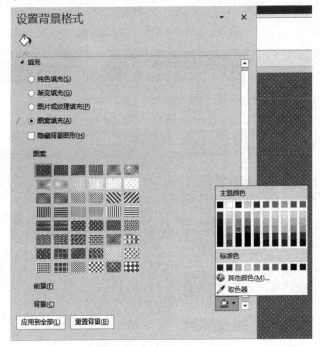

图 15-22   设置幻灯片背景格式

15.4   项目总结

本项目主要介绍了幻灯片版面布局设计中的几个基本核心问题,包括主题、模板、版式、母版的设计布局应用,以及幻灯片大小、背景填充等版面设计,这些都需要我们在具体设计中结合文本内容灵活使用。另外还介绍了幻灯片设计中常用的图片和图表对象的基本应用。

15.5   课后练习

打开项目 13 的课后练习演示文稿,完成以下内容:

(1)设置演示文稿的主题为"环保"。

(2)设置第 1 张幻灯片标题文本字体格式为"华文新魏",50 号。

(3)设置第 2 张幻灯片中文本的项目符号为"箭头符号"。

(4)在第 3 张幻灯片后添加一张幻灯片,设置背景填充效果为"纹理填充",填充效果为"水滴"。

项目 16 新书推荐演讲片——演示文稿的动画设计

16.1 项目背景

完成幻灯片版式和内容的制作后，接下来就是查看放映效果了。为了让幻灯片的展示过程更加生动，可以对幻灯片对象设置动画，还可以对整张幻灯片设置切换效果。

16.2 项目分析

本项目中将涉及如下操作：

● 幻灯片动画设置：自定义动画的设置、动画延时设置、幻灯片切换效果设置、切换速度设置、自动切换与鼠标单击切换设置、动作按钮的使用。

● 幻灯片放映：幻灯片隐藏、实现循环播放。

● 演示文稿输出：掌握将演示文稿发布成 WEB 页的方法、掌握将演示文稿打包成 CD 的方法。

16.3 项目实现

16.3.1 自定义动画

PowerPoint 为幻灯片对象提供了 4 种类型的自定义动画，分别是"进入"类、"强调"类、"退出"类和"动作路径"类。

（1）将目录页中"A 五项管理主要内容"入场动画设置为"飞入"，入场效果也就是进入动画

①选择动画设置对象"A 五项管理主要内容"文本框。

②单击"动画"选项卡下"动画"组中预设动画框右下角的下拉三角按钮，如图 16-1 所示，在展开的动画效果选项中选择"进入"效果中的"飞入"选项。或者可以单击"动画"选项卡→"高级动画"组中的"添加动画"按钮，也可以展开动画效果进行选择。

（2）目录页中"A 五项管理主要内容"强调效果设置为"对象颜色"，在飞入之后 2 秒自动出现

①给同一个对象添加多个动画效果，必须选中对象，单击"动画"选项卡→"高级动

画"组中的"添加动画"按钮，选择"强调"效果为"对象颜色"。或者单击"添加动画"按钮，展开菜单中的"更多强调效果"，选择"强调"效果为"对象颜色"，如图 16-2 所示。

图 16-1　"动画"菜单

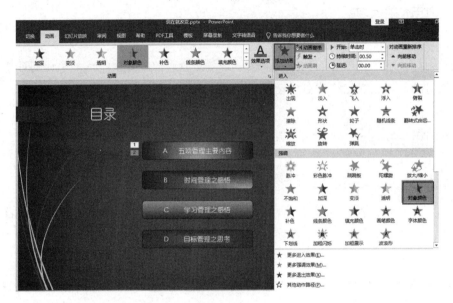

图 16-2　"添加效果"展开菜单

②单击"动画"选项卡→"高级动画"组中"动画窗格"命令，打开"动画窗格"视图，可以看到前面设置过的 2 个动画依次显示，选择"强调"效果，单击下拉菜单中的"计时"，如图 16-3 所示；打开效果选项对话框（图中为"对象颜色"对话框）"计时"选项卡，设置"开始"为"上一动画之后"，"延迟"为 2 秒，如图 16-4 所示。

图 16-3　动画窗格

图 16-4　效果选项对话框

（3）将"B 时间管理之感悟"文本框的动作路径设置为"圆形扩展"，并复制到"C 学习管理之感悟"

①选中"B 时间管理之感悟"文本框，单击"动画"选项卡→"高级动画"组中的"添加动画"按钮，选择"动作路径"效果为"形状"圆形，如图 16-5 所示。

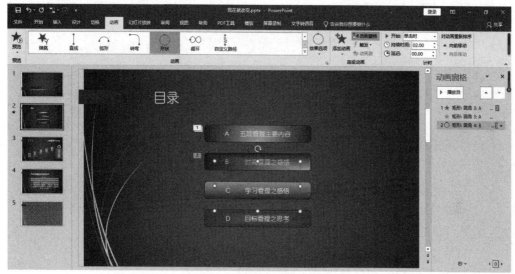

图 16-5　"圆形"强调路径

②选中"B 时间管理之感悟"文本框，单击"动画"选项卡→"高级动画"组中的"动画刷"按钮，然后单击"C 学习管理之感悟"文本框，动画就被复制到该文本框中。复制动画后的效果，如图 16-6 所示。

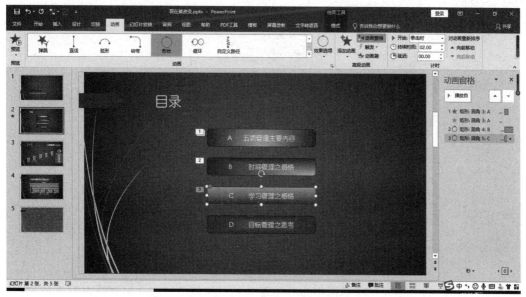

图 16-6　复制动画后的效果

（4）设置第 4 张幻灯片中的图表动画，先显示图表背景进入效果"淡出"，单击鼠标依次显示每个系列的动画效果"飞入"

①选中第 4 张幻灯片中的图表，单击"动画"选项卡→"动画"组动画效果框右下角按钮→"更改进入效果"选项，弹出如图 16-7 所示对话框，选择"细微"型中的"淡入"效果。

图 16-7　"淡入"效果

②打开动画窗格，单击图表对应的动画下拉菜单，选择"效果选项"命令，如图 16-8 所示。

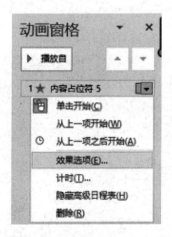

图 16-8　效果选项命令

③单击弹出的"淡入"对话框中的"图表动画"选项卡，在"组合图表"下拉列表框中选择"按系列"选项，单击"确定"按钮，如图 16-9 所示。

图 16-9   图表"淡入"动画效果选项

④此时可以看到动画窗格中的"图表动画"选项下出现了一个箭头按钮，单击展开该动画的"分支动画"选项，即背景和各系列对应的动画，默认前一步设置的进入效果"淡入"动画，并按系列前后排列，如图 16-10 所示。

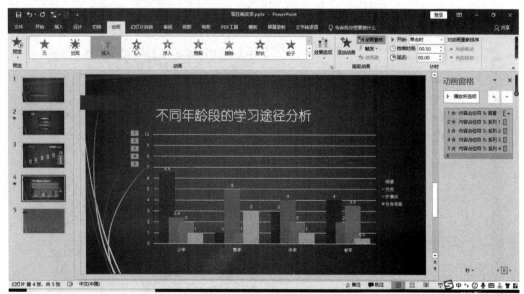

图 16-10   图标系列分动画

⑤选中系列动画分项，单击 "动画"选项卡→"动画"组动画效果框中的进入动画"淡入"选项，将其改为进入动画"飞入"。这样放映该图表时，将先出现图表背景和坐标轴，依次单击鼠标将依次展现各系列的柱形对象。

16.3.2 动作按钮和超级链接

（1）在第 3 张幻灯片上添加"前进"和"后退"动作按钮

①选中第 3 张幻灯片，单击"插入"选项卡→"插图"组中的"形状"下拉菜单，选择"动作按钮"中的⊡按钮，如图 16-11 所示。

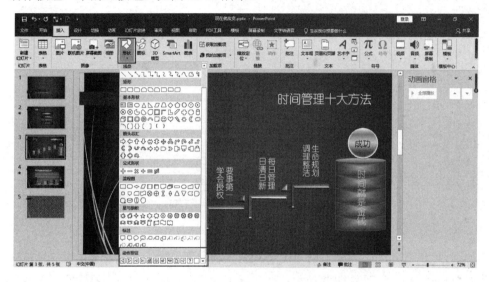

图 16-11 "动作按钮"视图

②在幻灯片的适当位置用鼠标拖出一个矩形，即画出一个按钮，此时弹出"操作设置"对话框；使用默认设置，直接单击"确定"按钮即可，如图 16-12 所示。

图 16-12 前进按钮动作设置

③按照相同的方法添加"后退"按钮。

（2）将第2张幻灯片上的文本"时间管理之感悟"链接到第3张幻灯片

①选中第2张幻灯片上的文本"时间管理之感悟"，单击"插入"选项卡→"链接"组中的"链接"按钮，弹出"插入超链接"对话框，选择"链接到"为"本文档中的位置"中的幻灯片标题"3. 时间管理十大方法"，如图16-13所示。

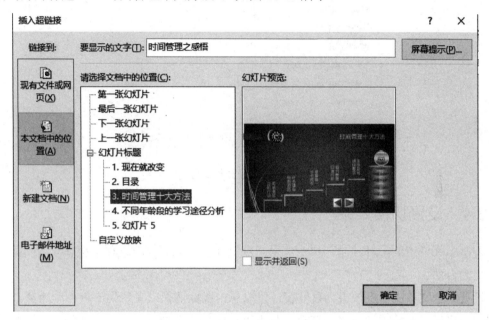

图 16-13　"插入超链接"对话框

16.3.3　使用触发器

在 PowerPoint 中，对于已经设置好的动画可以通过单击指定对象时播放，这就是触发器功能。一旦某对象设置了触发器，单击后就会引发一个或一系列动作，该触发器下的所有对象就能根据预先设定的动画效果开始运动。

（1）依次设置第3张幻灯片文本"立即行动 拒绝拖延"进入动画效果为"浮入"，文本"检查追踪 任务清单"进入动画效果为"形状"，通过"成功"组合对象触发器触发该动画

①选中文本框"立即行动 拒绝拖延"，单击"动画"选项卡→"动画"组中的"动画设置"框"进入"动画"浮入"；

②选中文本框"检查追踪 任务清单"，单击"动画"选项卡→"动画"组中的"动画设置"框"进入"动画"形状"；

③单击动画窗格中动画1的下拉菜单，选中"计时"命令，打开"上浮"对话框，设置触发器"单击下列对象时启动动画效果"指定为"椭圆53：成功"，具体如图16-14所示。

图 16-14　触发器设置

16.3.4　设置切换效果

为演示文稿中的幻灯片添加切换效果，可以使演示文稿放映过程中幻灯片之间的过渡衔接更为自然。

设置演示文稿的切换效果为百叶窗，可以单击鼠标切换或者每隔 5 秒自动切换。

①选择演示文稿中任一张幻灯片，单击"切换"选项卡→"切换到此幻灯片"组切换效果框右下角下拉菜单，选择"华丽"型效果中的"百叶窗"效果，如图 16-15 所示。

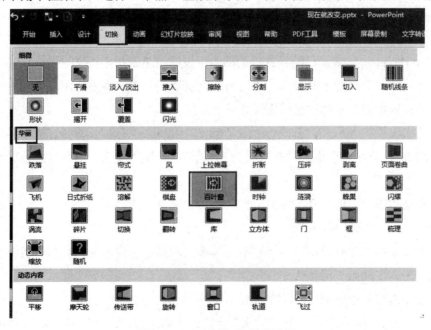

图 16-15　幻灯片切换效果设置

②单击"切换"选项卡→"计时"组中"换片方式"复选框，选择"单击鼠标时"和"设置自动换片时间"复选框，并设置 5 秒自动切换，如图 16-16 所示。

③单击"计时"组中的"应用到全部"按钮，应用到所有幻灯片。

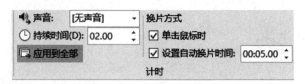

图 16-16　幻灯片切换方式设置

16.3.5　设置放映效果

设置循环放映第 2 张到第 4 张幻灯片。

①单击"幻灯片放映"选项卡→"设置"组中的"设置幻灯片放映"，打开"设置放映方式"对话框，如图 16-17 所示。

②设置放映第 2 张到第 4 张幻灯片，循环放映。

③单击"确定"按钮。

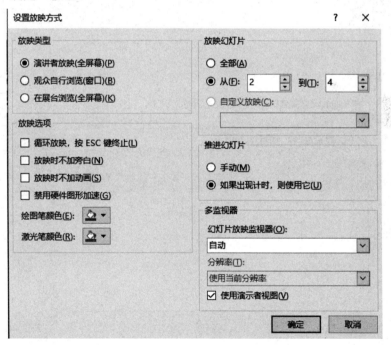

图 16-17　"设置放映方式"对话框

16.3.6　演示文稿打包发布

将演示文稿打包成 CD 可打包演示文稿和所有支持文件，包括链接文件，并从 CD 自动运行演示文稿。

①单击"文件"选项卡→"导出"按钮，再单击"将演示文稿打包成 CD"和"打包成 CD"按钮，如图 16-18 所示，弹出"打包成 CD"对话框，如图 16-19 所示。

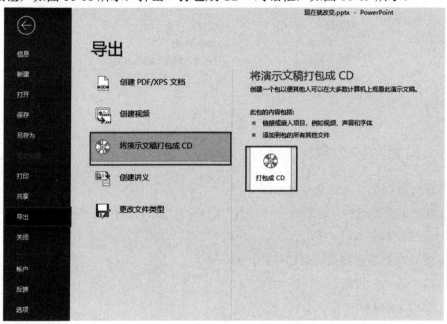

图 16-18　"打包成 CD"按钮

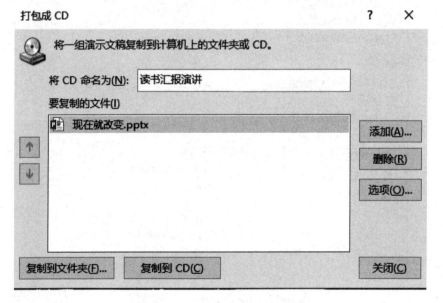

图 16-19　"打包成 CD"对话框

②单击"选项"按钮，在弹出如图 16-20 所示的对话框中设置打开演示文稿密码，单击"确定"按钮。

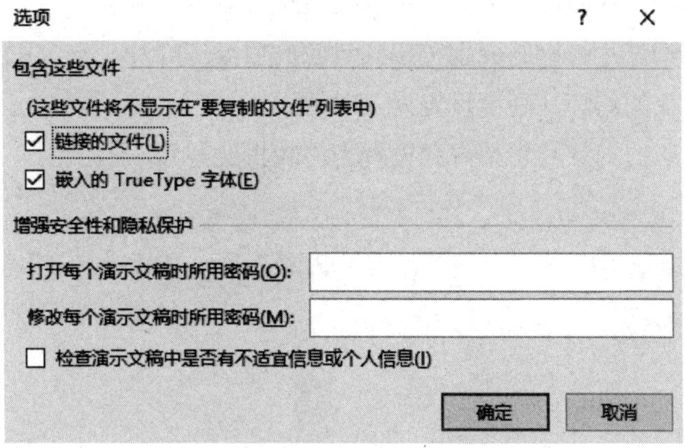

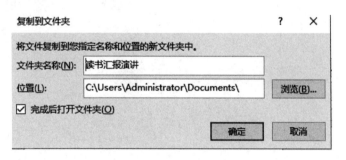

图 16-20　"选项"对话框

③单击图 16-19 中"复制到文件夹"按钮，打开如图 16-21 所示对话框，输入"文件夹名称"为"读书汇报演讲"。

图 16-21　"复制到文件夹"对话框

16.4　项目总结

本例主要介绍了 PowerPoint 2019 演示文稿的动画设置方式，包括文字、图片等不同对象的自定义动画，并通过触发器控制动画的放映时间，设计动作按钮和超链接控制幻灯片的跳转方式，以及演示文稿放映中整体切换效果、放映效果的设置。通过各类动画设置使得幻灯片的放映更好地结合演讲者的讲述进行展示，通过适当的放映效果更好地表达内容，给观众留下深刻印象。

16.5　课后练习

打开项目 14 的课后练习演示文稿，完成以下内容。

（1）将第 1 张幻灯片的标题文字"进入"效果设置为"旋转"。

（2）将第 2 张幻灯片的标题分别链接到对应的后续幻灯片。

（3）将演示文稿的幻灯片高度设置为 20.4 厘米。

（4）将演示文稿的幻灯片切换方式设置为"随机线条"。

反侵权盗版声明

电子工业出版社依法对本作品享有专有出版权。任何未经权利人书面许可，复制、销售或通过信息网络传播本作品的行为，歪曲、篡改、剽窃本作品的行为，均违反《中华人民共和国著作权法》，其行为人应承担相应的民事责任和行政责任，构成犯罪的，将被依法追究刑事责任。

为了维护市场秩序，保护权利人的合法权益，我社将依法查处和打击侵权盗版的单位和个人。欢迎社会各界人士积极举报侵权盗版行为，本社将奖励举报有功人员，并保证举报人的信息不被泄露。

举报电话：（010）88254396；（010）88258888

传　　真：（010）88254397

E-mail：　dbqq@phei.com.cn

通信地址：北京市海淀区万寿路 173 信箱
　　　　　电子工业出版社总编办公室

邮　　编：100036